Andreas Lutz • Nadine Luck

Selbstständig in Teilzeit

Als Kleinunternehmer zum großen Erfolg

3., aktualisierte Auflage

Linde international

Bibliografische Information der Deutschen Nationalbibliothek

Die Deutsche Nationalbibliothek verzeichnet diese Publikation in der Deutschen Nationalbibliografie; detaillierte bibliografische Daten sind im Internet über http://dnb.d-nb.de abrufbar.

Herausgeber: Dr. Andreas Lutz
Redaktion: Cornelia Rüping

ISBN 978-3-7093-0583-6 (Print)
ISBN 978-3-7094-0628-1 (E-Book-PDF)
ISBN 978-3-7094-0629-8 (E-Book-ePub)

 Redaktionsschluss war Oktober 2014.

1210 Wien, Scheydgasse 24, Tel.: +43/1/24 630 www. lindeverlag.at

Umschlag: buero8

Satz: psb, Berlin
Druck: Hans Jentzsch & Co. GmbH, 1210 Wien, Scheydgasse 31

INHALT

Vorwort

Lange Zeit wurde unterschätzt, welche Bedeutung die Teilzeit-Selbstständigkeit hat. Erst seit wenigen Jahren ist klar, dass mehr als die Hälfte aller Gründungen in Deutschland in dieser Form geschieht, auch deshalb, weil sich mit ihr eine hauptberufliche Selbstständigkeit optimal vorbereiten lässt. Allerdings sehen viele Gründer die Vollzeit-Selbstständigkeit gar nicht als Ziel. In ihrem Leben gibt es andere wichtige Dinge, sie haben gar nicht die Zeit oder den Drang, voll zu arbeiten. Trotzdem schätzen sie ihre Selbstständigkeit – nicht nur wegen des zusätzlichen Einkommens, sondern auch, weil sie es ermöglicht, mit anderen Menschen zusammenzukommen, sich beruflich zu beweisen und den Anschluss zu halten.

Sie wollen sich in Teilzeit selbstständig machen oder sind es bereits? Dann müssen Sie sehr genau wissen, welche Betrags- und Zeitgrenzen Sie bei Ihrem Einkommen und Ihrer Arbeitszeit zu beachten haben. Denn Sie müssen hohe Mindestbeiträge zur Sozialversicherung zahlen, sobald Sie bestimmte Verdienstgrenzen überschreiten – dann lohnt sich womöglich die Selbstständigkeit gar nicht mehr.

Eine weitere Besonderheit: Teilzeit-Selbstständige beurteilen sich und ihre Arbeit oft nicht als vollwertig und fürchten, auch von anderen nicht ernst genommen zu werden. Und das, obwohl sie wegen des begrenzten Zeitbudgets oft besonders effektiv sind. Sich selbst zu organisieren ist oft schwierig, denn viele arbeiten von zuhause aus. Es gehört viel Selbstdisziplin dazu, den privaten und den beruflichen Lebensbereich klar zu trennen.

Unser Buch hilft Ihnen dabei, trotz des begrenzten Zeitbudgets genauso selbstbewusst und professionell aufzutreten wie Selbstständige in Vollzeit. Wir verschaffen Ihnen einen Überblick darüber, welche Vorgaben und Grenzen Sie einhalten müssen und von welchen Regeln Sie als Teilzeit-Unternehmer profitieren können. Was Sie vielleicht nicht wissen: Mit dem Kleinunternehmerprivileg können Sie sich bürokratischen Aufwand sparen und Ihre Nettoeinnahmen steigern. Hinzu kommt, dass Sie als Teilzeit-Unternehmer während einer späteren Arbeitslosigkeit mehr dazuverdienen dürfen als andere. Auch wenn Sie weniger als 40 Stunden pro Woche arbeiten, haben Sie möglicherweise Anspruch auf Gründungszuschuss. Ebenso stehen Ihnen mit

Einschränkungen auch Zuschüsse für Beratung offen. Wir sagen Ihnen, wie das alles geht, und wünschen Ihnen viel Erfolg für Ihre Selbstständigkeit!

Dr. Andreas Lutz, Nadine Luck
München und Bamberg, im Oktober 2014

Kapitel 1

Besonderheiten bei der Gründung im Kleinen

Fast zwei Drittel aller Gründer beginnen in Teilzeit. Gut 550.000 sind es pro Jahr, die sich zunächst mit einem Mini-Vorhaben selbstständig machen. Lesen Sie in diesem Kapitel, was die Motive von Teilzeit-Selbstständigen sind. Verschaffen Sie sich zudem einen ersten Überblick darüber, welche Verdienst- und Zeitgrenzen Sie einhalten müssen, um negative Auswirkungen auf Steuern, Sozialversicherung sowie Kindergeld zu vermeiden.

Selbstständige in Patchwork-Situationen

Sie wollen sich selbstständig machen, können aber nur einen Teil Ihrer Zeit in Ihr Vorhaben stecken, weil Sie beispielsweise fest angestellt sind? Oder weil Sie Arbeit und Familie oder Arbeit und Studium unter einen Hut bringen wollen? Mit einem solchen Berufs- und Lebenskonzept stehen Sie nicht alleine da. Mehr als die Hälfte aller Gründer in Deutschland startet in Teilzeit durch. Ihnen geht es darum, etwas dazuzuverdienen oder mit vergleichsweise wenig Risiko zu testen, ob ihre Idee markttauglich ist. Manche von ihnen wollen auch erst sicher sein, dass sie persönlich zum Unternehmer taugen, bevor sie in Vollzeit aufs Ganze gehen. Das Arbeitsmodell der Selbstständigkeit in Teilzeit klingt für 80 Prozent aller Beschäftigten in Deutschland so verlockend, dass sie es für die attraktivste Möglichkeit halten, sich ein weiteres Standbein aufzubauen. Das fanden Forscher des Entrepreneurship Centers der Ludwig-Maximilians-Universität München in einer Umfrage im Jahr 2009 heraus.

Selbstständigkeit in Teilzeit ist grundsätzlich als Neben- oder als Zuerwerb möglich. Ihre Selbstständigkeit dient dem Nebenerwerb, wenn Sie aus einer anderen Einnahmequelle den Großteil Ihres Lebensunterhalts bestreiten, beispielsweise aus einer Festanstellung, einer weiteren Selbstständigkeit oder Ihren Ansprüchen aus der Arbeitslosenversicherung. Als Zuerwerb gilt Ihre Selbstständigkeit dagegen, wenn die Hauptsache in Ihrem Leben nicht aufs Geldverdienen ausgerichtet ist, also wenn für Sie beispielsweise Familienarbeit, Studium oder Schule im Vordergrund steht und nicht die Berufstätigkeit.

Sowohl das Berufs- als auch das Privatleben vieler Beschäftigter sind wie ein bunter Patchworkteppich gestaltet. Das hat mit der neuen Geschäfts- und Lebenswirklichkeit zu tun, die durch viele Unsicherheiten geprägt ist, aber auch zahlreiche Chancen bietet. Arbeitsverträge und Geschäftsbeziehungen halten oft nur mehr wenige Monate oder Jahre. Den Selbstständigen eröffnen sich viele Möglichkeiten, wenn Firmen Personal nicht mehr im Überfluss vorhalten und verstärkt auf Flexibilität und Projektarbeit setzen. Denn sie können häufig auch kurzfristig Aufträge abwickeln. In jedem Fall gilt: In Zeiten des sich auflösenden Kündigungsschutzes und der Kurzfristplanung aktienkursgetriebener Unternehmen hat mehr Sicherheit, wer nicht nur ein berufliches Standbein hat. Viele von uns können sich den beruflichen Bund fürs

Leben ohnehin nicht mehr vorstellen: Immer häufiger geben wir unserem Bedürfnis nach neuen Herausforderungen nach, um endlich Erfüllung im Job zu finden und Arbeit und Privatleben in Einklang zu bringen.

Unabhängig davon, in welcher konkreten Lebenssituation Teilzeit-Unternehmer stecken, widmen sie ihrem Vorhaben durchschnittlich 18 Wochenarbeitsstunden im ersten Jahr der Nebenbei-Selbstständigkeit und 16 Wochenarbeitsstunden in den Jahren danach. Allerdings unterscheidet sich das tatsächliche Arbeitspensum der nebenberuflich Selbstständigen ebenso wie ihre Lebensentwürfe. Zwar können die meisten Nebenbei-Selbstständigen nicht vom Gewinn aus der Teilzeit-Tätigkeit leben (84 Prozent), dennoch leistet er einen Beitrag zum Gesamteinkommen der jeweiligen Person, im Schwerpunkt bis zu 20 Prozent. Darüber, dass in der Regel keine extrem hohen Gewinne sprudeln, könnte der wiederum eher niedrige Einsatz von Startkapital hinwegtrösten: Während Vollzeit-Unternehmer häufig früh scheitern, weil es an Gründungsfinanzierungsmitteln fehlt, braucht ein Großteil der Nebenerwerbsgründer wenig bis gar kein Startkapital, wie die Studie „Beweggründe und Erfolgsfaktoren bei Gründungen im Nebenerwerb" der Universität Trier aus dem Jahr 2013 zeigt.

Gut zu wissen

WIE HOCH WAR DAS STARTKAPITAL/ INVESTITIONSVOLUMEN FÜR IHRE NEBENERWERBSSELBSTSTÄNDIGKEIT?

Es war kein Startkapital nötig	30,7 %
Unter 5.000 Euro	44,7 %
Mehr als 5.000 bis 10.000 Euro	10,1 %
Mehr als 10.000 bis 25.000 Euro	6,8 %
Mehr als 25.000 bis 50.000 Euro	3,1 %
Mehr als 100.000 Euro	1,3 %
Keine Angabe	2,0 %

Quelle: Studie „Beweggründe und Erfolgsfaktoren bei Gründungen im Nebenerwerb", Universität Trier 2013

Ein Drittel der Teilzeit-Selbstständigen liebäugelt damit, die Mini-Tätigkeit zu einem Vollerwerbsjob auszubauen. Die Erfolgschancen hierfür dürften nicht schlecht stehen, zumal die Tätigkeit dann schon im Kleinen erprobt ist. Dass die Zahl der künftigen Vollzeit-Selbstständigen nicht noch größer ist, liegt auch daran, dass viele der vor allem weiblichen Teilzeit-Gründer fast ihr ganzes Berufsleben lang Haus-, Familienarbeit und Job in Einklang bringen müssen. Sie haben daher kein Interesse daran, ihre Tätigkeit weiter auszubauen.

Sieben Gründe für die Selbstständigkeit in Teilzeit

Manchmal werden Berufstätige in Teilzeit selbstständig, ohne sich dessen richtig bewusst zu sein. Das kann zum Beispiel passieren, wenn sie in einem immer größeren Umfang Freundschaftsdienste erledigen, sodass sie letztlich beginnen müssen, Geld für ihre Leistungen zu nehmen.

Beispiel

UNTERWEGS ALS DJ

Max Krense hat eine riesige Musiksammlung. So fragt ihn sein Freund Gert, ob Max nicht Lust hat, auf seiner Hochzeitsfeier aufzulegen. Das macht Max mit großem Erfolg. Sein Musikmix gefällt einigen Gästen so gut, dass sie den Freizeit-DJ auch für ihre eigene Veranstaltung buchen wollen. Obwohl das über einen Freundschaftsdienst hinausgeht, sagt Max zu, weil er es gerne macht. Der nette Nebeneffekt: Er bekommt Geld dafür. Schließlich arbeitet er regelmäßig, aber weiterhin nebenher als DJ für Hochzeiten und Firmenevents.

Max Krense ist beiläufig in die Teilzeit-Selbstständigkeit hineingerutscht – das kommt häufiger vor, als man vielleicht denkt. Doch in der Regel gehen Gründer ein solches Vorhaben ganz bewusst an. Es gibt viele Gründe, zunächst nur in Teilzeit tätig zu werden, darunter die folgenden:

1. Mehr Flexibilität in Privat- und Arbeitsleben: Viele Menschen wollen oder brauchen einen Beruf, der je nach konkreter Lebenssituation mehr oder weniger Zeit in Anspruch nimmt. Als studentischer Unternehmer etwa können Sie in Prüfungsphasen vermutlich eher weniger Zeit in Ihre Selbstständigkeit stecken, während Ihr Laden in vorlesungsfreien Phasen ruhig brummen darf. Eltern zum Beispiel haben in den ersten Lebensjahren ihres Kindes weniger Zeit für berufliche Zusatzaufträge und können erst wieder mehr arbeiten, wenn der Nachwuchs die Schulbank drückt. Gerade Müttern kommt es oft entgegen, wenn sie sich einen Heimarbeitsplatz schaffen können, statt als Angestellte in einem Büro antreten zu müssen – so können sie die Zeit, in der ihr Kind schläft oder sich selbst beschäftigt, im Idealfall weitgehend für die berufliche Tätigkeit nutzen.
2. Geringes unternehmerisches Risiko: Menschen, die sich wegen des Erfolgs ihrer Selbstständigkeit Sorgen machen, schlafen besser, wenn sie das Abenteuer mit Netz und doppeltem Boden abgesichert angehen – etwa mit einer Festanstellung im Rücken oder indem sie zunächst die Ansprüche aus der Arbeitslosenversicherung behalten. So können sie ohne großes Risiko viele unternehmerische Erfahrungen sammeln, sei es beim Kalkulieren, im Kundenumgang oder bei der Abwicklung von Aufträgen. Als Nebenher-Selbstständige tragen sie in der Regel noch keine Verantwortung für Mitarbeiter, tätigen keine großen Investitionen und können im Zweifel nicht viel verlieren, was zunächst ungemein beruhigt.
3. Testlauf für die Geschäftsidee: Bevor Sie Ihre Festanstellung kündigen oder all Ihr Geld in das entstehende Unternehmen stecken, schadet es nicht, den Schritt in die Selbstständigkeit durch einen Praxistest abzusichern. Solange die Selbstständigkeit ein Nebenberuf bleibt, können Sie mit vergleichsweise wenig Zeitaufwand herausfinden, ob genug potenzielle Kunden an Ihrer Geschäftsidee interessiert sind und ob sich Ihr Vorhaben wirtschaftlich tragen kann. Auch sich selbst können Sie testen und dabei erfahren, ob Sie sich als Selbstständiger wohl und sicher fühlen. Ihre kaufmännischen Fähigkeiten beispielsweise lassen sich in der Theorie und im Voraus nur bedingt simulieren – umso besser, wenn Sie sich im Testbetrieb davon überzeugen können.

4. Geringer Finanzierungsbedarf: Wer klein beginnt, braucht in der Regel keinen oder nur einen überschaubaren Kredit für sein Vorhaben – in vielen Fällen bestreiten Kleinunternehmer ihren Anfangsbedarf aus den eigenen Ersparnissen.
5. Zusätzlicher Verdienst: Egal ob Sie Ihr Arbeitslosengeld aufstocken wollen, Ihr Bafög oder das Einkommen des Partners: Für die meisten Teilzeit-Gründer dürfte die Aussicht aufs Geldverdienen eine wichtige Triebfeder bei der Verwirklichung des eigenen Vorhabens sein. Auch Angestellte haben nichts dagegen, mehr Geld aufs Konto zu bekommen: Sie wollen die Urlaubskasse klingeln lassen, für ein Auto sparen oder einfach nur wohlhabender sein.
6. Selbstverwirklichung: Nach Jahren im Hamsterrad eines Berufs mit viel Gleichklang, in der Elternzeit oder im Ruhestand bekommen viele Menschen Lust auf neue Impulse im Leben, auf neue Aufgaben und neue Gesichter. In fast allen Fällen gibt es eine Alternative dazu, den Job oder die Tätigkeit, die einen langweilt, einfach beizubehalten: Und so entstehen auch aus dem Wunsch nach mehr Erfüllung neue berufliche Existenzen, oft erst in Teilzeit, weil es den Menschen mit Drang zur Selbstverwirklichung zunächst mehr um ihr persönliches Glück als ums große Geld geht.
7. Mehr Sicherheit: Viele Angestellte schützen sich mit einem zweiten beruflichen Standbein gegen die Panik vor möglicher Arbeitslosigkeit – auch und vor allem in Zeiten eines schwierigen Arbeitsmarkts. Mit einer Selbstständigkeit in Teilzeit haben Sie einen Plan B für Ihre Karriere parat, bevor Sie Ihren Hauptjob verlieren. Allein das Wissen, dass konkret andere Möglichkeiten bestehen, hilft, schwierige berufliche Zeiten durchzustehen und gegebenenfalls bei Verhandlungen im Job oder in Vorstellungsgesprächen positiv und selbstbewusst aufzutreten. Falls Ihnen gekündigt wird und Sie sich keine neue Anstellung suchen wollen, können Sie mit voller Kraft Ihre bereits bestehende nebenberufliche Selbstständigkeit zum Vollerwerb ausbauen. Auch in Ihrem Lebenslauf macht sich ein nahtloser Übergang vom Angestelltendasein in die Selbstständigkeit deutlich besser als Phasen der Arbeitslosigkeit – was wiederum die Chancen bei einer erneuten Jobsuche hebt, wenn Sie doch wieder als Angestellter arbeiten wollen.

Sie sehen: Es gibt die unterschiedlichsten Gründe, warum eine Selbstständigkeit in Teilzeit das (Zusatz-)Arbeitsmodell erster Wahl sein kann. Vielleicht haben Sie Ihre persönlichen Motive in den Ausführungen wiedererkannt.

Im Überblick: die wichtigsten Betrags- und Stundengrenzen

Wie viele Stunden wollen Sie arbeiten? Wie viel Geld werden Sie voraussichtlich verdienen? Wer sich in Teilzeit selbstständig macht, sollte sich mit den verschiedensten Betrags- und Stundengrenzen vertraut machen.

Gut zu wissen

HAUPTBERUFLICH IN TEILZEIT?

Bitte lassen Sie sich nicht verwirren, wenn im Folgenden von „hauptberuflich" die Rede ist: Schon ab 15 Stunden pro Woche endet für die Arbeitsagentur die nebenberufliche Selbstständigkeit, ab 20 Stunden auch für die Krankenversicherung. Ab 25 oder 30 Stunden kann man auf jeden Fall von einer hauptberuflichen Selbstständigkeit sprechen (was Voraussetzung für den Gründungszuschuss ist). Hauptberufliche Selbstständigkeit bedeutet also nicht, dass Sie 40 Stunden und mehr arbeiten müssen, und kann insofern durchaus in Teilzeit geschehen (siehe auch Kapitel 5).

Ein Über- oder Unterschreiten der im Folgenden dargestellten Grenzen kann gravierende Folgen haben. Überlegen Sie sich, ob Sie knapp unter oder deutlich über der jeweiligen Grenze landen wollen. Wir erklären im weiteren Verlauf des Buches noch ausführlich, was genau passiert, wenn Sie die Grenzen nicht beachten.

Welche zeitlichen Grenzen gelten?

Bis zu 14,9 Stunden pro Woche dürfen Sie während des Arbeitslosengeld-I-Bezugs arbeiten, ohne Ihren Anspruch auf Arbeitslosengeld I zu gefährden – egal ob selbstständig oder nichtselbstständig. Vor- und Nachbereitungszeiten sind in die Zahl der gearbeiteten Stunden einzurechnen.

Ab 15 Stunden wöchentliche Erwerbstätigkeit (oder auch Ausbildung/Studium) gelten Sie nicht mehr als arbeitslos und verlieren komplett Ihren Anspruch auf Arbeitslosengeld I.

20 Stunden pro Woche selbstständige Tätigkeit: Wenn Sie diese Grenze überschreiten, den größten Teil Ihres Einkommens aus selbstständiger Tätigkeit beziehen oder einen Mitarbeiter mehr als nur geringfügig (bis zu 400 Euro pro Monat) beschäftigen, werden Sie von der Krankenversicherung als hauptberuflich selbstständig eingeordnet – mit weitreichenden Auswirkungen auf die Versicherungsbeiträge.

Bis zu 30 Stunden pro Woche dürfen Sie erwerbstätig sein, während Sie Elterngeld beziehen. Wenn Sie mehr arbeiten, verfällt der Anspruch auf Elterngeld.

Ein Tag – Mindestens einen Tag müssen Sie vor der hauptberuflichen Gründung arbeitslos gewesen sein, um anschließend Gründungszuschuss beantragen zu können.

150 Tage – So viel Restanspruch auf Arbeitslosengeld I muss zum Zeitpunkt der hauptberuflichen Gründung noch bestehen, damit Sie Gründungszuschuss beantragen können. Beträgt der Restanspruch 149 Tage oder weniger, besteht kein Anspruch.

Welche Betragsgrenzen gelten?

Hier geht es um Eurobeträge, zu unterscheiden ist zwischen Einkommen, Umsatz und Gewinn. Der Umsatz ist die Summe aller betrieblichen Einnahmen. Zieht man hiervon die steuerlich absetzbaren Kosten ab, ergibt sich der Gewinn. Ihr Einkommen kann allein dieser Gewinn aus selbstständiger Tätigkeit sein. Hinzukommen können ein Bruttoeinkommen aus angestellter Tätigkeit sowie weitere Einnahmen etwa aus Miete oder Kapitalvermögen, sprich Geldanlagen. Alle Angaben entsprechen dem aktuellen Stand (2015) und sind auf ganze Euro gerundet.

33 Euro pro Monat – Während Sie Gründungszuschuss beziehen, gilt dieser ermäßigte Mindestbeitrag zur sozialen Pflegeversicherung. Verdienen Sie mehr als 1.418 Euro monatlich (der Gründungszuschuss wird hierbei eingerechnet, wenn auch ohne die 300-Euro-Pauschale, siehe unten), so zahlen Sie 2,35 Prozent auf Ihr Einkommen als Beitrag. Wenn Sie keine Kinder haben, beträgt der Mindestbeitrag 37 Euro, der Beitragssatz liegt bei 2,6 Prozent.

43 Euro pro Monat – So hoch in etwa ist der Beitrag für die „freiwillige Arbeitslosenversicherung" in den ersten zwölf Monaten der Selbstständigkeit.

50 Euro pro Monat – Wenn Sie keinen Gründungszuschuss (mehr) beziehen und sich als Selbstständiger eigenständig sozialversichern müssen, gilt dieser Mindestbeitrag für die Pflegeversicherung. Verdienen Sie mehr als 2.126 Euro monatlich, so zahlen Sie 2,35 Prozent auf Ihr Einkommen als Beitrag. Wenn Sie keine Kinder haben, beträgt der Mindestbeitrag 55 Euro, der Beitragssatz liegt bei 2,6 Prozent.

72 Euro pro Monat – Dies ist der Mindestbeitrag bei der Künstlersozialkasse (KSK). Er deckt Kranken-, Pflege- und Rentenversicherung ab (bei einem Einkommen von mindestens 3.900 Euro [siehe unten] pro Jahr).

85 Euro pro Monat – So hoch ist der Beitrag für die „freiwillige Arbeitslosenversicherung" nach den ersten zwölf Monaten der Selbstständigkeit.

85 Euro pro Monat – Der Mindestbeitrag in die gesetzliche Rentenversicherung gilt unabhängig davon, ob Sie freiwillig Beiträge zahlen (was selten getan wird) oder aufgrund Ihrer selbstständigen Tätigkeit (zum Beispiel Lehrer, Dozent, Hebamme, Handwerker) Pflichtmitglied in der gesetzlichen Rentenversicherung sind. Als Pflichtmitglied müssen Sie bereits ab einem Einkommen von 450 Euro monatlich den vollen Beitrag in Höhe von 18,9 Prozent auf Ihr rentenpflichtiges Einkommen abführen.

100 Euro pro Monat – So viel dürfen Sie als Hartz-IV-Empfänger hinzuverdienen, ohne dass der Betrag auf das Arbeitslosengeld II angerechnet wird. Darüber hinausgehende Einkünfte dürfen Sie bis 800 Euro zu 20 Prozent, jenseits davon bis maximal zu zehn Prozent behalten.

150 Euro pro Rechnung – Bis zu diesem Betrag spricht man von Kleinbetragsrechnungen, für sie gelten vereinfachte Vorgaben. Rechnungen über höhere Beträge müssen deutlich mehr Formvorschriften erfüllen, so muss unter anderem die Adresse des Kunden (also auch Ihre Adresse, wenn Sie Rechnungsempfänger sind) angegeben werden.

165 Euro pro Monat – So viel dürfen Sie neben dem Arbeitslosengeld I an Gewinn (oder mit nichtselbstständiger Tätigkeit) hinzuverdienen. Das über den Freibetrag hinausgehende Einkommen mindert Ihr Arbeitslosengeld in vollem Umfang.

200 Euro pro Monat – So hoch ist das monatliche Einstiegsgeld, das Sie zusätzlich zum Arbeitslosengeld II und zu den Zuschüssen für Miete und Heizkosten erhalten können, wenn Sie sich selbstständig machen. Für jedes weitere Mitglied Ihrer Bedarfsgemeinschaft erhöht sich das Einstiegsgeld um zehn Prozent der Regelleistung, also um jeweils rund 38 Euro.

207 Euro pro Monat – Während Sie Gründungszuschuss beziehen, gilt dieser ermäßigte Mindestbeitrag zur freiwilligen Krankenversicherung. Verdienen Sie mehr als 1.418 Euro monatlich (der Gründungszuschuss wird hierbei eingerechnet, wenn auch ohne die 300-Euro-Pauschale; siehe unten), so zahlen Sie 14,6 Prozent auf Ihr Einkommen als Beitrag.

235 Euro pro Monat dürfen Sie neben dem Arbeitslosengeld I selbstständig hinzuverdienen, wenn Sie Ihre Betriebsausgaben pauschal geltend machen. Sie dürfen dann vom Umsatz ohne Einzelnachweise über Ihre Kosten 30 Prozent der Einnahmen abziehen und landen so beim Freibetrag von 165 Euro (siehe oben).

300 Euro pro Monat – So viel Geld erhalten Sie pauschal zur (teilweisen) Deckung Ihrer Sozialversicherungskosten, wenn Sie Gründungszuschuss bewilligt bekommen haben. In den ersten sechs Monaten erhalten Sie diese Pauschale zusätzlich zum Arbeitslosengeld I, anschließend erhalten Sie für neun Monate nur noch die 300 Euro monatlich. Ist der Gründungszuschuss erst einmal bewilligt, dürfen Sie beliebig viel hinzuverdienen, solange Sie während des Bezugs der Förderung hauptberuflich selbstständig bleiben.

310 Euro pro Monat – Wenn Sie keinen Gründungszuschuss (mehr) beziehen und sich als Selbstständiger eigenständig sozialversichern müssen, gilt dieser Mindestbeitrag für die Krankenversicherung. Verdienen Sie mehr als

2.126 Euro monatlich, zahlen Sie 14,6 Prozent auf Ihr Einkommen als Beitrag.

395 Euro pro Monat – Wenn das Gesamteinkommen diesen Betrag nicht überschreitet, bleibt man kostenfrei beim gesetzlich krankenversicherten Ehepartner oder Elternteil mitversichert (Familienversicherung). Daran ändert sich auch nichts, wenn die Grenze in höchstens zwei aufeinanderfolgenden Monaten überschritten wird.

399 Euro pro Monat – Höhe der Regelleistung, die alleinstehende Arbeitslosengeld-II-Empfänger erhalten.

400 Euro pro Monat – Wenn Sie sich als Arbeitslosengeld-II-Empfänger selbstständig betätigen, Ihr Umsatz diesen Betrag überschreitet und Ihre Kosten mehr als 100 Euro pro Monat ausmachen, können Sie bei der Berechnung Ihres Hinzuverdienstes die tatsächlichen höheren Kosten (Betriebsausgaben, Fahrtkosten und Versicherungsbeiträge) geltend machen.

711 Euro pro Monat oder umgerechnet 8.352 Euro pro Jahr beträgt der Grundfreibetrag, auf den keine Einkommensteuer anfällt. Darüber hinausgehendes Einkommen wird in der ersten Stufe mit dem Eingangssteuersatz von 14 Prozent belastet, die Steuerbelastung nimmt mit der Höhe des Einkommens zu.

1.000 Euro pro Jahr oder 83 Euro pro Monat – Wenn Sie im vorangegangenen Kalenderjahr weniger Umsatzsteuer an das Finanzamt abgeführt und nicht erst unterjährig gegründet haben, wird das Finanzamt Sie auffordern, die Umsatzsteuer nur noch jährlich zu erklären.

1.250 Euro pro Jahr oder 104 Euro pro Monat – Bis zu diesem Betrag dürfen Sie Kosten für Ihr Homeoffice („häusliches Arbeitszimmer") steuerlich geltend machen, sofern Ihnen für Ihre Tätigkeit kein anderer Arbeitsplatz zur Verfügung steht.

3.900 Euro pro Jahr oder 325 Euro pro Monat – So viel Gewinn müssen Sie auf Dauer mindestens erzielen, um in der Künstlersozialkasse versichert zu werden. In den ersten drei Jahren nach der Gründung und später in einzelnen Jahren dürfen Sie die Betragsgrenze auch unterschreiten.

7.500 Euro pro Jahr oder 625 Euro pro Monat – Wenn Sie im vorangegangenen Kalenderjahr weniger Umsatzsteuer an das Finanzamt abgeführt und nicht erst unterjährig gegründet haben, wird das Finanzamt Sie auffordern, die Umsatzsteuer künftig quartalsweise voranzumelden. Erst beim Überschreiten dieser Betragsgrenze wird das Finanzamt (wieder) eine monatliche Umsatzsteuervoranmeldung von Ihnen verlangen.

17.500 Euro pro Jahr oder 1.458 Euro pro Monat – Bestehende Unternehmen, deren Gesamtumsatz (gegebenenfalls inklusive Umsatzsteuer) im vorangegangenen Geschäftsjahr nicht über diesem Betrag lag, erfüllen eine der Voraussetzungen für das Kleinunternehmerprivileg.

24.500 Euro pro Jahr oder 2.042 Euro pro Monat – Für Einzelunternehmer und Personengesellschaften (zum Beispiel Gesellschaften bürgerlichen Rechts [GbR]) gilt ein Freibetrag in dieser Höhe für die Gewerbesteuer. Nur für den Teil des Gewinns, der über diesen Betrag hinausgeht, fällt bei den genannten Rechtsformen Gewerbesteuer an. Freiberufler sind generell von der Gewerbesteuer ausgenommen. Kapitalgesellschaften (Unternehmensgesellschaft [UG], Limited [Ltd.], Gesellschaft mit beschränkter Haftung [GmbH]) zahlen ab dem ersten Euro Gewerbesteuer.

50.000 Euro pro Jahr oder 4.167 Euro pro Monat – Wenn der Gesamtumsatz (gegebenenfalls inklusive Umsatzsteuer) im laufenden Geschäftsjahr diesen Betrag voraussichtlich nicht überschreitet, erfüllen Sie die zweite Voraussetzung für das Kleinunternehmerprivileg.

50.000 Euro pro Jahr oder 4.167 Euro pro Monat – Gewerbetreibende, deren Gewinn diesen Betrag übersteigt (oder deren Umsatz 500.000 Euro übersteigt), können vom Finanzamt für das darauffolgende Jahr zur Bilanzierung aufgefordert werden. Wer darunter bleibt, muss lediglich eine Einnahmen-Überschuss-Rechnung (EÜR) anfertigen.

Kapitel 2

Fünf Vorurteile zur Selbstständigkeit in Teilzeit

Viele Selbstständige in Teilzeit belastet es, wenn sie immer wieder zu hören bekommen, dass sie offenbar keine Vollblutunternehmer sind. Lassen Sie sich von Kritikern nicht verunsichern, sondern bleiben Sie selbstbewusst und machen Sie sich die Vorteile Ihres Arbeitsmodells deutlich. Es ermöglicht Ihnen ein deutlich flexibleres Leben, als es „selbst" und „ständig" arbeitende Kollegen haben.

„Ein Halbselbstständiger ist ein Küchenunternehmer“

„Küchenunternehmer“, „Hausfrauenfirma“, „kleiner Krauter“ – es gibt viele Begriffe, mit denen Selbstständige bedacht werden, die ihre Arbeit nicht in repräsentativen Büroräumen tun, sondern im Homeoffice, und die vielleicht nicht in dem Umfang arbeiten, den viele mit Selbstständigkeit verbinden. Viele trauen Selbstständigen in Teilzeit oft nicht zu, dass sie professionell arbeiten, bezweifeln sogar, dass sie technisch auf dem neuesten Stand sind. Küchenunternehmer, das klingt nach Kaffeerändern auf den Visitenkarten und Fettflecken auf der Kalkulation.

Seien Sie darauf vorbereitet, dass Sie mit solchen und ähnlichen Vorurteilen konfrontiert werden, wenn Sie aus dem Heimbüro heraus tätig werden. Viele Selbstständige, die zuhause arbeiten, klagen, dass sie sich wie Freiwild fühlen. Ständig rufen Freunde und Familienmitglieder an und fordern Gesprächszeit. Oft glauben die Anrufer sogar, sie tun den Heimarbeitern Gutes, wenn sie sie mit einem Plausch aus der Einsamkeit befreien. Die Heimarbeiter hingegen fühlen sich nicht ernst genommen, wenn sie auf Fragen wie „Und was machst du heute so?“ mit „Arbeiten“ antworten – und gefühlt dafür belächelt werden. Ihre Geschäftsfreunde in Bürogemeinschaften oder eigenen Firmenräumen bleiben von derartigen Anrufen verschont und werden nicht aus der Konzentration gerissen, um sich den neuesten Klatsch anzuhören. „In der Arbeit“ darf man ja nicht stören, das wird oft nur respektiert, wenn sie außerhalb der eigenen vier Wände stattfindet.

Nicht nur Bekannte und Verwandte verhalten sich anders, wenn jemand zuhause arbeitet und keine Großaufträge zu erledigen hat. Auch Kunden geraten eher ins Plaudern, haben sie doch das Gefühl, ihr Gegenüber hätte als Kleinunternehmer einen weniger straffen Zeitplan als der Chef einer Firma mit einigen Mitarbeitern.

Dabei kann es sogar teuer für Sie werden, wenn Ihr Geschäft unterschätzt wird: Dann etwa, wenn die Bank Ihren Förderantrag nicht mit aller Sorgfalt bearbeitet, weil das zu viel Mühe für einen „kleinen Krauter“ wäre. „Für eine Frau ist es leichter, einen Kredit für eine Küche als für eine Existenzgründung zu bekommen“, behauptet die Businesstrainerin Monika Scheddin. Mit einem Augenzwinkern rät sie dazu, der Bank vorzugaukeln, das Geld sei für den

Hightech-Herd und den überdimensionierten neuen Kühlschrank gedacht statt für das eigene Unternehmen.

Natürlich übertreibt und provoziert Scheddin damit, aber völlig unrecht hat sie nicht: Banken fördern oft lieber den Vollzeitgründer mit größerem Kapitalbedarf als den kleinen Teilzeit-Unternehmer – trotz des höheren Geschäftsrisikos. Sie scheuen schlicht den Aufwand im Vergleich zum Nutzen. Bleiben Sie daher hartnäckig, wenn Sie das Gefühl haben, dass Ihr Gegenüber Sie loswerden will. Schließlich wollen Sie dessen Leistung in Anspruch nehmen und ein Geschäft abschließen.

Falls Sie ernst genommen werden wollen, kommen Sie auch nicht umhin, Ihren Bekannten und den Kunden Grenzen zu setzen. Sagen Sie am Telefon klar: „Du, ich ruf dich heute Abend zurück, ich muss noch einen Auftrag erledigen." Und weisen Sie auch den Kunden darauf hin: „Entschuldigen Sie, aber kann ich Sie morgen zurückrufen? Ich bin gerade in der Endphase eines Projekts für einen anderen Kunden." Nur so schaffen Sie es, anderen klarzumachen, dass Sie während der Arbeitszeit nicht in Tratschlaune sind. Schließlich zeichnet sich professionelles Arbeiten nicht durch ein Großraumbüro, eine eigene Durchwahl oder gar ein Vorzimmer aus, sondern durch die Qualität Ihrer Leistung und Selbstdisziplin auch im Homeoffice.

Genießen Sie aber bitte auch die Vorteile des Mini-Unternehmertums: Planen Sie für sich selbst Ihre Pausen frei ein – treffen Sie sich ruhig auch einmal mit anderen zum Essen oder zum Kaffeetrinken. Oder rufen Sie jemanden zum Plauschen an, wenn es zeitlich passt und Ihnen danach ist. Sie können Ihr Gegenüber ja darauf hinweisen, dass Sie etwas Zeit haben, weil gerade ein Auftrag fertig geworden ist und Sie sich mit dem Telefonat belohnen wollen. Dann dürfte klar sein: Es ist nicht selbstverständlich, dass Sie während der Bürozeit privat telefonieren.

„Kleine Firma - kleiner Preis"

Sie sind dabei, sich zähneknirschend mit einem geringen Honorar abspeisen zu lassen, weil Sie denken, Ihr Kunde verbindet mit Ihrer Tätigkeit im Homeoffice ein eher niedriges Preisniveau? Sie geben ihm sogar insgeheim recht, wenn er sagt oder suggeriert, dass Ihre Leistung weniger wert ist, weil Sie

- Ihr Unternehmen erst aufbauen und das nur in Teilzeit?
- als Einzelunternehmer ja keine Agentur oder andere Mitarbeiter mitfinanzieren müssen?
- ohnehin nicht so viel verdienen müssen, weil der Lebensunterhalt hauptsächlich vom Lebenspartner bestritten wird?

Hören Sie damit auf und machen Sie sich und Ihrem Kunden den Wert Ihrer Leistung bewusst. Sie allein kann das Argument in Verhandlungen sein, nur sie muss honoriert werden – die Frage, ob Sie einen gut verdienenden Lebenspartner oder einen weiteren Job haben, tut nichts zur Sache. Wenn Sie wissen, dass Sie dasselbe leisten wie zum Beispiel eine Agentur mit ein paar Mitarbeitern, vielleicht sogar besser, schneller, flexibler sind, dann lassen Sie sich das bezahlen. Ihre Arbeit ist kein Hobby und Sie wenden eine gewisse Menge Ihrer wertvollen Zeit auf, um einen Auftrag in bester Qualität zu erledigen. Ein „billiger Jakob" läuft sogar Gefahr, sein Image zu beschädigen, indem er seine Leistung zu günstig anbietet. Hier greift ein anderes Vorurteil: Wie kann jemand, der allzu preiswert arbeitet, Hochwertiges leisten? Man traut es ihm in aller Regel nicht zu!

Zeigen Sie auch bei Preisverhandlungen, dass Sie Profi sind. Nur dann werden Ihre Kunden Sie ernst nehmen. Es macht sich übrigens auch nicht gut, nach einigen Aufträgen plötzlich ein deutlich höheres Honorar zu verlangen – lassen Sie sich also gleich von Anfang an fair bezahlen. Niedrige Einstiegspreise können nur dann sinnvoll sein, wenn Sie als Referenz erste Arbeitsproben anfertigen oder zu Werbezwecken eine Rabattaktion veranstalten.

Auch wenn es durchaus verständlich ist, dass Ihr Auftraggeber möglichst tiefe Preise aushandeln will, vergessen Sie nicht, dass sein unternehmerisches Denken auf das Ihre trifft. Um herauszufinden, welches Honorar angemessen ist, prüfen Sie, was andere Selbstständige für ähnliche Leistungen verlangen. Rechnen Sie sich dann durch, ob Sie sich in diesem Rahmen bewegen wollen und sich Ihre Arbeit damit für Sie rentiert. Von dem so kalkulierten Preis sollten Sie nicht oder nur unter klaren Bedingungen abrücken.

Machen Sie sich immer wieder bewusst, warum Sie für Ihren Auftraggeber wertvoll sind. Unternehmen vergeben in der Regel keine Aufgaben, weil sie es gut mit dem betreffenden Auftragnehmer meinen. Welche Vorteile bringt es also Firmen oder Privatpersonen konkret, wenn sie Sie engagieren? Uns fallen fünf gute Gründe ein:

- Bezahlung nach Ergebnis: Abgerechnet wird die Zeit, die Sie tatsächlich für Ihren Auftraggeber aufwenden. Vielleicht werden Sie auch einfach für die Lieferung Ihrer Leistung bezahlt, egal wie lange Sie dafür gearbeitet haben. Angestellte hingegen bekommen ihr Gehalt auch überwiesen, wenn sie während der Arbeitszeit privat im Internet surfen, Zigarettenpause machen, einen schlechten Tag haben, krank oder im Urlaub sind. Und wenn sie ihre Arbeit zu spät abliefern, kriegen sie zwar Ärger, aber auch immer ihr Geld. Ihre Anwesenheit wird bezahlt, in guten wie in schlechten Zeiten. Selbstständige hingegen werden engagiert, wenn ein Unternehmen komplizierte, schnell zu erledigende oder umfangreiche Extra-Aufgaben zu vergeben hat oder etwas braucht, was intern nicht zu haben ist. Finden Sie nicht, dass eine Firma für solche Spezialaufträge ein Sonderbudget aufbringen kann?
- Wenig Bürokratie: Sie fallen bei Ihrem Auftraggeber nicht in die aufwändige und kostspielige Verwaltung, für Sie braucht er keine Personal- und Lohnbuchhaltung zu bezahlen. Sie schreiben nach der Arbeit eine Rechnung – und mit der Überweisung Ihres Honorars ist alles erledigt. Sie stehen nicht unter dem Arbeitnehmerschutz und Ihr Auftraggeber muss Ihnen nicht mal einen Arbeitsplatz zur Verfügung stellen.
- Hohe Motivation und Qualität: Selbstständige dürften bei der Erfüllung ihrer Aufträge für gewöhnlich motivierter sein als Mitarbeiter, die in ihrem geregelten Arbeitsalltag in Routine verfallen. Immerhin bringt jeder neue Auftrag Abwechslung in Ihr Berufsleben. Zudem sind Sie sicher sehr interessiert daran, gut zu arbeiten, da Sie mehr um Folgeaufträge kämpfen müssen als Festangestellte, die mit Kündigungsschutz im Rücken fest im Sattel sitzen.
- Hohe Flexibilität: Sie springen auch ein, wenn vielen Angestellten bereits der Stift aus der Hand fällt. Dann nämlich, wenn man Sie als Feuerwehr engagiert, weil eine wichtige Aufgabe dringend fertig gestellt werden muss. In anderen Fällen ist vielleicht exakt Ihr Fachwissen, Ihre Erfahrung oder Ihre Ware gefragt.

- Unternehmerisches Denken: Oft beklagen Unternehmer, dass ihre Mitarbeiter nur ihren Job erledigen – zwar gewissenhaft, aber ohne das große Ganze zu sehen. Ihnen sei oft nicht bewusst, dass das Hauptanliegen der Firma ist, Gewinn zu erzielen. Sie als Selbstständiger müssen hingegen selbst unternehmerisch denken – Sie können daher in der Regel besser als Angestellte einschätzen, dass Arbeit auch wirtschaftlich erledigt werden muss.

„Das ist doch nur Liebhaberei“

Es klingt abschätzig, wenn die lieben Mitmenschen lästern, dass Sie Ihr Geschäft doch nur „als Hobby“ betreiben. Tatsächlich gibt es Selbstständige, bei denen die Tätigkeit nichts als Liebhaberei ist – zumindest aus Sicht des Finanzamts.

Beispiel

SCHMUCK AUS SELBST GEMACHTEN PERLEN

Simone E. hat entdeckt, wie viel Spaß es macht, Perlen selbst herzustellen – aus Materialien jeglicher Art, aus Stoff, aber auch aus wertvollen Edelsteinen. In mühevoller Kleinstarbeit reiht sie die Perlen aneinander und macht Ketten daraus, allesamt Unikate. Als sie die Ketten verkaufen will, merkt sie, dass ihre Kundinnen höchstens den Materialwert bezahlen wollen und können; wenn die Schmuck-Designerin ihre Arbeitszeit in den Verkaufspreis einrechnet, bleibt sie auf den Ketten sitzen. Dennoch stellt sie weiterhin schönen Schmuck her, es macht ihr einfach Spaß, wenn andere Frauen ihre Ketten tragen.

Dass das Finanzamt hier fehlende Gewinnerzielungsabsichten unterstellen kann, liegt auf der Hand – welche Folgen eine solche Einschätzung hat, erfahren Sie ab Seite 144. Simone E. ist jedenfalls gezwungen anzuerkennen, dass ihre Schmuckherstellung nur ein Hobby und kein Unternehmen sein kann.

Natürlich gibt es auch Selbstständige, die erfolgreich sind und große Gewinne generieren, obwohl ihre Arbeit das pure Vergnügen für sie ist. Wer da lästert, das Ganze sei nur ein Hobby, hat etwas Grundlegendes nicht kapiert: Der Selbstständige hat geschafft, wovon jeder träumen dürfte. Er hat sein Hobby zum Beruf gemacht.

„Halbselbstständig gibt's genauso wenig wie halbschwanger“

Als wir im Rahmen der Recherchen für dieses Buch in einem virtuellen Existenzgründungsforum eine Diskussion über Zeitmanagementstrategien für Teilzeit-Selbstständige starteten, war der erste Beitrag ein eher pädagogischer. Eine Dame schrieb, dass man „so reif (erwachsen) sein sollte, dass man gelernt hat, dass man nicht alles haben kann“. Damit brachte sie ein altes Vorurteil zur Sprache: „Halbselbstständig? Das gibt's doch wohl so wenig wie halbschwanger!“

Im Unternehmerleben, so stellen es sich manche vor, gibt es keinen Feierabend, kein Wochenende, keine Hobbys und am besten auch keinen Familienanschluss – wer etwas aufbauen will, müsse alles andere hintanstellen. Teilweise hat die Dame aus dem Forum Recht, natürlich gibt es sie zuhauf, die Rund-um-die-Uhr-Unternehmer, die sich keine Verschnaufpausen gönnen können und wollen. Gerade in der Startphase eines Unternehmens gilt es, immer am Ball zu bleiben und mit vollem Einsatz seine Existenz aufzubauen. Das gilt für Voll- und Teilzeit-Unternehmer, auch wenn letztere den vollen Arbeitseinsatz nur innerhalb einer begrenzten Wochenarbeitszeit leisten können oder wollen.

Das heißt aber nicht, dass Teilzeit-Selbstständige nicht mit Leib und Seele bei der Sache wären, im Gegenteil. Zumindest für Angestellte in Teilzeit ist belegt, dass sie im Vergleich zu ihren Vollzeit-Kollegen motivierter und produktiver sind, sie fehlen sogar seltener. Das hat das Institut für Arbeitsmarkt- und Berufsforschung in einer Studie im Jahr 2004 herausgefunden. Es liegt auf der Hand, dass Teilzeit-Selbstständige ebenfalls hoch motiviert und produktiv sind, zumal sie in begrenzter Zeit beste Leistung bringen müssen, um sich auf dem Markt behaupten zu können. Sie schätzen ihre Arbeitszeit in der Regel als besonders wertvoll ein und nutzen sie effektiv. Nur so schaffen sie es, ihr Vorhaben gewinnbringend auch ohne Rund-um-die-Uhr-Einsatz voranzubringen. Es ist nur gesund und fair sich selbst und den Kunden gegenüber, in Teilzeit mit voller Kraft und Einsatz bestmögliche Leistung zu bringen, statt in Vollzeit neben dem Studium, der Kinderbetreuung oder einer Festanstellung voller Stress die Aufträge abzuarbeiten.

Es kann passieren, dass Teilzeit-Selbstständigen wegen der begrenzten Arbeitszeit Großaufträge entgehen oder dass sie sie schlicht ablehnen müssen. Oft geht es dann um Projekte, an denen man wochenlang am Stück und ohne Unterbrechungen dranbleiben muss, oder um Arbeiten, die von heute auf morgen fertig sein müssen. Es ist klar, dass derartige Aufträge nicht mit jedem Lebens- und Arbeitsmodell kombinierbar sind.

Im Gespräch

STEFANIE LOMBERT, JAHRGANG 1967,

aus Hannover bringt drei berufliche Tätigkeiten unter einen Hut: Sie ist angestellt als Mediengestalterin, arbeitet selbstständig als Mediengestalterin und ist als klassische Sängerin tätig.

Wie reagiert Ihr Umfeld auf Ihre Patchwork-Arbeitssituation?

Manche sind erstaunt, dass das überhaupt machbar ist. Viele sind überzeugt, man könne entweder nur angestellt oder nur selbstständig sein, und kommen überhaupt nicht auf die Idee, dass es auch anders geht. Wenn ich aber ein bisschen von meinem Arbeitsmodell erzähle, finden es die meisten gar nicht schlecht. Immerhin habe ich die Sicherheit einer Festanstellung im Rücken, aber auch an zwei Werktagen pro Woche die Freiheit, als meine eigene Chefin die Selbstständigkeit zu gestalten. Es wäre in einer Vollzeit-Anstellung fast nicht möglich, tagsüber bei Konzertproben anwesend zu sein oder Gesangsstunden zu nehmen. Mit meinem Modell teile ich mir die Zeit selbst ein und erledige gegebenenfalls abends, was tagsüber liegen bleibt.

Klingt toll – aber gibt es auch Nachteile an Ihrem Modell?
Ein großer Nachteil ist, dass ich als Selbstständige in Teilzeit keine Großaufträge abwickeln kann, die wochenlang meine ungeteilte Aufmerksamkeit erfordern würden. Allerdings habe ich großes Glück mit meinem Arbeitgeber. Wenn es wichtig ist, kann ich auch mal an einem „seiner" Tage für einen eigenen Kunden arbeiten – und helfe ihm im Gegenzug an einem meiner selbstständigen Tage, wenn er meine Unterstützung benötigt. Von dieser gegenseitigen Flexibilität profitieren beide Seiten.

Doch nicht nur die Anforderungen von außen spielen eine Rolle. Viele Unternehmer in Teilzeit plagt auch das Gefühl, nichts Halbes und nichts Ganzes zu machen, zum Beispiel weder Vollblut-Unternehmerin noch Vollblut-Mutter zu sein. Vor allem in solchen Fällen tun die Betroffenen gut daran, die beiden Lebensbereiche strikt zu trennen, sowohl räumlich als auch zeitlich. Mit Routine lässt sich lernen, die Probleme aus dem einen Bereich nicht auf den anderen zu übertragen. Wir wünschen Ihnen, dass Sie genauso viel Selbstbewusstsein wie die Teilzeit-Beraterin Ilse M. entwickeln, die sagte: „Ich bin nicht nur Mutter, ich bin auch selbst vorhanden als Person. Dass ich meine Firma aufgebaut habe und gute Aufträge bekomme, macht mich glücklich – es ist das Beste, was ich machen konnte. Und wenn ich zufrieden bin mit meinem Beruf, profitiert die ganze Familie davon."

„Viel Aufwand, kein Gewinn"

Teilzeit-Selbstständige verdienen weniger als Vollzeit-Unternehmer, sie können unter Umständen bestimmte Förderungen nicht in Anspruch nehmen, weil diese nur Vollzeit-Selbstständigen gewährt werden. Dennoch müssen sie genauso viel Zeit und Mühe in die Bürokratie ihres Vorhabens stecken. Stimmt das? Es kommt darauf an.

Wenn Ihr Unternehmen darauf angelegt ist, in Zukunft zu wachsen, wenn Sie es mittelfristig auch in Vollzeit führen wollen, sind Sie gut beraten, es von Anfang an größer aufzuziehen. Stellen Sie dann bereits beim Start einige Weichen, denn so können Sie sich später Aufwand sparen. Planen Sie hingegen, dauerhaft in kleinem Umfang nebenher selbstständig zu arbeiten, etwa wenn Sie als freier Journalist im Homeoffice eine wöchentliche Kolumne und drei Texte für die Lokalzeitung schreiben, ist Ihr Nebenher-Aufwand sehr überschaubar. Als Ausstattung brauchen Sie höchstens Schreibtisch, Telefon, Computer und Fotoapparat, der bürokratische Aufwand beschränkt sich aufs korrekte Rechnungstellen und kleine Ergänzungen in der Steuererklärung. Und das soll Geld einbringen? Ja, denn wenn Ihr Geschäft läuft, generiert es Gewinne – solche, die in passender Relation zum kleinen Aufwand stehen. Wenn Sie als Kleinunternehmer hingegen nur Verluste machen, müssen Sie freilich Ihre Geschäftsidee überdenken. Dieses Problem wäre aber nicht spezifisch für Kleinunternehmer, damit schlagen sich auch große Unternehmer herum, wenn sie falsch geplant oder gerechnet haben.

Kapitel 3

Wie Teilzeit-Selbstständige die passende Geschäftsidee finden

Geschäftsideen für Selbstständige, die in Teilzeit arbeiten, sehen anders aus als die für hauptberuflich Selbstständige, die ihr Vorhaben rund um die Uhr verfolgen. In diesem Kapitel erfahren Sie, welche Branchen sich besonders für Sie als Gründer im Kleinen eignen und worauf zu achten ist, wenn Sie Ihr Vorhaben entwickeln.

Beliebte Branchen für Gründer in Teilzeit

Theoretisch können Teilzeit-Selbstständige in allen Berufen und Branchen arbeiten – praktisch muss die Tätigkeit mit ihrem persönlichen Arbeits- und Lebensmodell vereinbar sein. Bei vier von zehn Teilzeit-Selbstständigen steht das Internet im Mittelpunkt ihrer Arbeit. Ein Großteil der Nebenbei-Unternehmer ist im Dienstleistungsbereich tätig und hier mit allen denkbaren Aufgaben betraut. Das Angebot reicht von der Buchhaltung über IT-Dienste bis hin zum Facility-Management. Die Kunden sind überwiegend Unternehmen, die diese Tätigkeiten aus Kostengründen outsourcen – eine große Chance für Selbstständige! Und weil es bei diesen Aufgaben häufig keine Rolle spielt, ob sie tagsüber oder außerhalb der üblichen Geschäftszeiten erledigt werden, gibt es viele Möglichkeiten auch für Selbstständige mit begrenztem Zeitbudget.

Beispiel

KINDERBETREUUNG MIT ALLEINSTELLUNGSMERKMAL

Kerstin Möser, Jahrgang 1967, aus Rangsdorf bei Berlin hat eine Ausbildung in ihrem Traumberuf Erzieherin absolviert – sie konnte ihn jedoch aus gesundheitlichen Gründen nicht lange ausüben. Nun arbeitet sie schon seit vielen Jahren in Vollzeit in einer Berliner Verwaltungsbehörde. Angesichts der Wirtschaftskrise hielt sie es für sinnvoll, ein weiteres finanzielles Standbein aufzubauen, und gründete 2009 nebenberuflich einen Kinderbetreuungs-Service. Damit kann sie ihre Leidenschaft – den Umgang mit Kindern – mit einer guten Zuverdienstmöglichkeit verbinden. Auch ihre Investitionen hierfür waren überschaubar: Ein paar Körbe Spielzeug, Flyer, eine Homepage, mehr brauchte sie nicht. Das Alleinstellungsmerkmal ihres Dienstes: Kerstin Möser hat sich auf die Betreuung von Kindern auf Hochzeiten spezialisiert. Ihre Kunden gewinnt sie über Empfehlungen, aber auch auf Hochzeitsmessen. Mit ihrem Angebot scheint sie eine Marktlücke gefunden zu haben, das Geschäft floriert. „Ich glaube, meine Betreuung kommt gut an, weil die Kinder bei den Hochzeiten dabei sind, aber eben unter Aufsicht. Das ist vor allem für alle Omas und Opas gut, die ansonsten meist als Betreuer bei Familienfesten einspringen", sagt sie. „Jetzt springe ich ein und die Großeltern haben auch was vom Fest." Der Service bietet übrigens nicht nur Kerstin Möser einen Zuverdienst: „In meiner Firma sind auch meine beiden fast erwachsenen Töchter und der Freund der einen Tochter auf Minijob-Basis als Betreuer angestellt."

Eine Branche, in der 7,5 Prozent der Teilzeit-Selbstständigen vertreten sind, ist laut Gründungsmonitor 2012 der KfW-Bank der Einzelhandel. 6,2 Prozent arbeiten im Direktvertrieb und im Networkmarketing. Das Internet hat ebenfalls diverse Wege eröffnet und so betreiben viele Selbstständige nebenher einen Onlinehandel, sowohl mit eigenem Web-Shop als auch über Ebay.

Weitere beliebte Branchen, die für den Nebenerwerb geeignet sind: Sport, Unterhaltung, Erziehung, Unterricht, Steuer-, Rechts- und Unternehmensberatung, das Gesundheits-, Veterinär- und Sozialwesen sowie der Kulturbereich samt seinen Publizisten und Künstlern.

Gründer im Nebenerwerb nach Branchen (Durchschnitt 2009–2011) in Prozent

Sonstige wirtschaftliche Dienstleistungen	13,5
Erziehung und Unterricht	7,9
Gesundheits-, Veterinär- und Sozialwesen	7,8
Kultur, Sport, Unterhaltung	7,7
Einzelhandel	7,5
Erneuerbare Energien*	7,2
Direktvertrieb und Networkmarketing	6,2
Sonstige persönliche Dienstleistungen	6,0
Gastgewerbe	5,1
Rechts-, Steuer-, Unternehmens- und sonstige Wirtschaftsberatung	5,0
Datenverarbeitung und Datenbanken, Forschung und Entwicklung	4,5
Baugewerbe	3,8
Versicherungs- und Finanzdienstleistungen	3,1
Architektur- und Ingenieurbüros	3,1
Verarbeitendes Gewerbe	2,5

Quelle: Gründungsmonitor 2012 der KfW-Bank

* Personen mit privaten Energieerzeugungsanlagen, zum Beispiel Sonnenkollektoren, die einen Teil ihres Stroms an Netzanbieter verkaufen

Manche Tätigkeitsfelder sollten Sie hingegen mit gesunder Vorsicht betrachten – auch wenn die Versprechungen verlockend erscheinen. Mit Aussagen wie „bis zu 2.500 Euro monatlich im Nebenverdienst/8 Stunden pro Woche", „bis zu 80 Euro Stundenlohn bei freier Zeiteinteilung, keine Vorkenntnisse nötig" werben manche Unternehmen um Verkäufer. Es dürfte nur wenige Arbeiten geben, bei denen tatsächlich ein derartig hoher Verdienst für Mitarbeiter ohne Vorkenntnisse herausspringt. Hinter solchen Anzeigen stecken oft charismatische und überzeugende Verkäuferpersönlichkeiten, die Multi-Level-Marketing (MLM) anbieten. MLM ist auch als Network-, Empfehlungsmarketing oder Strukturvertrieb bekannt und bedeutet, dass Sie in Ihrem Bekanntenkreis Produkte verkaufen sollen.

Das klingt zunächst harmlos und nach Tupperware-Party. Falls Produkt und Preis stimmen und Sie mit wenig bis gar keinem unternehmerischen Risiko einsteigen können, spricht vielleicht wenig dagegen. Doch oftmals handelt es sich um überteuerte Produkte, die nur aufgrund einer persönlichen Empfehlung gekauft werden, oder um dem Bekannten einen Gefallen zu tun. Ein nachhaltiges Geschäftsmodell lässt sich auf dieser Basis in der Regel allerdings nicht aufbauen – es sei denn, Sie werben selbst laufend neue Unter-Vertriebsmitarbeiter, an deren Erlösen Sie beteiligt sind.

Überprüfen Sie Ihr Vorhaben auf Tauglichkeit

Wer ein Unternehmen gründet, sollte von seiner Geschäftsidee überzeugt sein, über Branchenkenntnisse verfügen und sein Vorhaben auf die wirtschaftliche Tragfähigkeit hin überprüfen. Teilzeit-Gründer müssen bei der Entwicklung ihrer Geschäftsidee möglicherweise noch mehr bedenken als ihre Vollzeit-Kollegen.

So ist erste Voraussetzung, dass sich das Geschäft mit dem Hauptberuf, dem Familienleben oder dem Studium verträgt. Es muss genügend Zeit und auch der Raum vorhanden sein, um das geplante Vorhaben verwirklichen zu können. Fragen, die Sie sich stellen sollten, sind beispielsweise: Sind Ihre Kinder gut betreut, während Sie arbeiten? Kriegen Sie Ihr Studium trotz der Unternehmensgründung gestemmt? Kann Ihr Arbeitgeber berechtigte Einwände gegen die Arbeit nach Feierabend einbringen?

Möglicherweise ist für Sie nur eine Tätigkeit geeignet, bei der es keine Rolle spielt, wann Sie arbeiten. Manchmal kann es sogar von Vorteil sein, wenn Sie Ihre Dienstleistungen zu einer Zeit anbieten, wenn andere Feierabend haben. Masseure werden zum Beispiel gerne abends gebucht, Hochzeitsfriseure am glücklichsten Tag des Lebens, der oft ein Samstag ist. Und zu welcher Uhrzeit beispielsweise ein Buchhalter seinen Auftrag erledigt, dürfte dem Kunden herzlich egal sein. Sinnvoll ist es meist, eine Tätigkeit zu wählen, die auch stundenweise betrieben werden kann. Die Alternative wäre, Ihre Kunden an eher ungewöhnliche Bürozeiten zu gewöhnen oder Öffnung und Erreichbarkeit nach Absprache anzubieten. Wenn Sie und Ihr Angebot gefragt sind, können Sie sich das vermutlich erlauben. Doch wenn Sie eine Leistung anbieten, die sich nicht wesentlich von der der Konkurrenz unterscheidet, könnten Sie an dieser Stelle ein Problem bekommen. In Branchen schließlich, in denen Kunden die üblichen Geschäftszeiten erwarten, haben Sie vermutlich das Nachsehen. Es macht beispielsweise wenig Sinn, einen Kiosk in der Nähe eines Ärztehauses zu eröffnen, wenn Sie ihn nur samstags und sonntags betreiben können. Auch Tätigkeiten im Baugewerbe oder in verwandten Berufen wie der Architektur oder als Ingenieur lassen sich nur schwer in Teilzeit ausführen.

Was für Teilzeit-Gründer ebenfalls noch wichtiger ist als für Vollzeit-Unternehmer: Ihr Vorhaben sollte zunächst mit möglichst geringen Investitionen und laufenden Kosten, zum Beispiel für Büromiete und Personal, umzusetzen sein. Es lohnt sich in der Regel nicht, eine Menge Geld für Büroräume und die Ausstattung auszugeben, wenn sie nur wenige Stunden pro Woche genutzt werden. Sind Sie jedoch beispielsweise auf Praxisräume angewiesen, könnte es einen Versuch wert sein, diese mit anderen Teilzeit-Selbstständigen gemeinsam zu mieten und zu nutzen. Wichtig sind dabei klare Absprachen, damit auch wirklich jeder zu „seiner“ Zeit arbeiten kann.

Fragen Sie sich zudem, ob Ihre Idee auch in Vollzeit funktionieren könnte oder ob sie sich gegebenenfalls dorthin entwickeln lässt. Wenn Ihr Studium absolviert ist, die Kinder groß sind oder Sie schlicht mehr verdienen wollen, wäre es doch praktisch, wenn Sie mehr Umsatz mit Ihrer eigenen Firma erzielen könnten. Vielleicht ließe sich zum Beispiel ein Brotzeitdienst für Unternehmen zum eigenen Café mit Mittagstisch ausbauen? Vielleicht können Sie als Arzt eine eigene Praxis übernehmen, statt immer nur stundenweise in den

Räumen von Kollegen zu arbeiten? Vielleicht können Sie sich fortbilden, um künftig nicht nur Flyer und Visitenkarten, sondern ganze Webseiten zu gestalten?

Check-liste

FUNKTIONIERT IHRE GESCHÄFTSIDEE IN TEILZEIT?

- ❑ Verträgt sich Ihre Geschäftsidee zeitlich und organisatorisch mit der Haupttätigkeit in Ihrem Leben?
- ❑ Lässt sie sich räumlich und zeitlich von Ihrer Haupttätigkeit trennen?
- ❑ Verlieren Sie Kunden, falls Sie nicht ständig erreichbar sind und nicht sofort reagieren können?
- ❑ Bieten Sie mindestens denselben Service wie Ihre Konkurrenten, die in Vollzeit arbeiten?
- ❑ Ist es in Ihrer Branche in Ordnung, Aufträge auch zu unüblichen Zeiten abzuwickeln?
- ❑ Können Sie die Anfangsinvestitionen und die Fixkosten niedrig halten?
- ❑ Mit Blick in die Zukunft: Lässt sich Ihr Geschäft zu einem Vollzeit-Arbeitsmodell ausbauen?

Kapitel 4

Nebenher selbstständig …

Da Sie diesen Ratgeber lesen, kombinieren Sie Ihre Selbstständigkeit vermutlich mit einer anderen wichtigen Sache in Ihrem Leben – zum Beispiel mit dem Elternsein, einer Festanstellung oder einem Studium. In diesem Kapitel erfahren Sie im Detail, was Sie in Ihrer jeweiligen Arbeits- und Lebenssituation beachten müssen, damit Ihnen durch den Zuverdienst keine Nachteile entstehen.

... hauptsächlich Eltern

Wie selbstständige Eltern ihren Beruf und ihren Nachwuchs dauerhaft unter einen Hut bringen, ist meist eine Frage der Organisation. Wenn Ihr Baby jedoch erst vor Kurzem auf die Welt gekommen ist oder Sie vielleicht noch schwanger sind, geht es um mehr als das: In dieser Lebensphase sollten Sie wissen, wie sich das Einkommen aus Ihrer Selbstständigkeit in Teil- oder Vollzeit auf Kindergeld, Mutterschaftsgeld und Elterngeld auswirkt – und ob es sich überhaupt lohnt, jeden Auftrag anzunehmen.

Mutterschaftsgeld

Beim Mutterschaftsgeld handelt es sich um eine Leistung der gesetzlichen Krankenversicherung. Ob Sie als Selbstständige Anspruch darauf haben, hängt davon ab, wie Sie zu Beginn der Mutterschutzfrist, also am 43. Tag vor der voraussichtlichen Entbindung, versichert sind. Als Privatversicherte erhalten Sie im Allgemeinen kein Mutterschaftsgeld von Ihrer Krankenkasse. Ob Sie vergleichbare Leistungen ausgezahlt bekommen, hängt von den Vereinbarungen in Ihrem Versicherungsvertrag ab. In der Regel wird aber nur wenig für Sie herausspringen. Eine private Krankentagegeld-Versicherung greift ebenfalls nicht, da Schwangerschaft und Geburt keine Krankheiten und hier deshalb ausgeschlossen sind.

Als freiwillig gesetzlich Versicherte erhalten Sie Mutterschaftsgeld, wenn eine der zwei folgenden Voraussetzungen erfüllt ist:

- Sie haben einen Wahltarif Krankentagegeld abgeschlossen oder
- Sie zahlen in die gesetzliche Krankenkasse statt des ermäßigten Beitrags von 14 Prozent (plus des individuellen Krankenkassenbeitrags) den Normalbeitrag von 14,6 Prozent (plus des individuellen Krankenkassenbeitrags) ein. Statt des Mindestbeitrags von 298 Euro plus X zahlen Sie dann 310 Euro plus X; das Krankentagegeld einzuschließen, kostet Sie also rund zwölf Euro mehr pro Monat.

Sie haben als Selbstständige Anspruch auf das Mutterschaftsgeld? Dann steht Ihnen der gleiche Betrag wie beim Krankentagegeld zu. Dessen Höhe liegt bei

70 Prozent des Bruttoeinkommens und maximal 90 Prozent des Nettoeinkommens, aus dem vor Beginn der gesetzlichen Mutterschutzfrist die Krankenversicherungsbeiträge berechnet wurden.

Mit Blick auf das Mutterschaftsgeld könnte es sich für Sie lohnen, in den Normaltarif zu wechseln oder einen Wahltarif zu buchen. Im ersten Fall genügt eine formlose Erklärung, um sogleich zu den neuen Konditionen versichert zu sein, während bei Abschluss eines Wahltarifs eine Wartefrist von bis zu sechs Monaten bestehen kann. Außerdem ist zu beachten, dass der Mindestbeitrag zur Krankenversicherung auf einem Verdienst von 2.126 Euro basiert. Nehmen Sie weniger ein, zahlen Sie Beiträge für ein Einkommen, das Sie gar nicht haben.

Rechnen Sie in jedem Fall gründlich nach, ob es sich lohnt, diese Sonderleistungen der Krankenkasse dazu zu buchen: Sowohl an den Wechsel in den Normaltarif als auch an den Wahltarif sind Sie drei Jahre lang gebunden.

Gut zu wissen

DIE MUTTERSCHUTZFRISTEN

Die gesetzlichen Mutterschutzfristen vor und nach der Geburt gelten in der Regel nur für Arbeitnehmerinnen. Sie als Selbstständige sind auch in Sachen Mutterschutz selbst verantwortlich und müssen entscheiden, ob Sie arbeiten wollen und können oder nicht. Dennoch sollten Sie die Mutterschutzfristen kennen, falls Sie Anspruch auf Mutterschaftsgeld haben – immerhin bekommen Sie es für diese Zeit ausbezahlt. Der Mutterschutz besteht sechs Wochen vor und acht Wochen nach der Geburt – in dieser Zeit dürfen Arbeitnehmerinnen nicht arbeiten. Bei Früh- oder Mehrlingsgeburten verlängert sich die Frist nach der Geburt auf zwölf Wochen.

Auch wenn diese Fristen für Sie zunächst nur finanzielle Bedeutung haben, bedenken Sie, was auf Sie zukommt. Planen Sie auch als Selbstständige ein, dass Sie hochschwanger und kurz nach der Geburt möglicherweise nicht arbeiten können und wollen.

Kindergeld

Das Kindergeld hat nichts mit dem Einkommen zu tun, bezugsberechtigt ist im Grunde jeder, der Kinder in Deutschland hat. Die Höhe hängt allein von der Anzahl Ihrer Sprösslinge ab und beträgt

- ➜ für das erste und zweite Kind monatlich 184 Euro.
- ➜ für das dritte Kind monatlich 190 Euro.
- ➜ für das vierte und jedes weitere Kind monatlich 215 Euro

Elterngeld

Mütter und Väter in Deutschland, die nach der Geburt ihres Kindes zuhause bleiben, um es zu versorgen, haben in der Regel Anspruch auf Elterngeld. Voraussetzung ist, dass sie im Jahr nach der Geburt beruflich kürzertreten. Seit 2011 gibt es jedoch zwei Ausnahmefälle, in denen der staatliche Zuschuss verwehrt wird: Zum einen gehen Spitzenverdiener, also Singles mit einem zu versteuernden Einkommen von mehr als 250.000 beziehungsweise Ehepaare mit einem gemeinsamen zu versteuernden Einkommen von mehr als 500.000 Euro, leer aus. Zum anderen müssen sich Hartz-IV-Empfänger die Förderung vollständig als Einkommen anrechnen lassen, auch den Mindestbetrag von 300 Euro, sodass ihnen ebenfalls nichts bleibt. Ausnahme: Elterngeldberechtigte, die Arbeitslosengeld II beziehen und vor der Geburt ihres Kindes erwerbstätig waren, erhalten einen Elterngeldfreibetrag. Dieser ist so hoch wie das Einkommen vor der Geburt, höchstens aber 300 Euro. Bis zu dieser Höhe bleibt das Elterngeld anrechnungsfrei und steht somit zusätzlich zur Verfügung.

Selbstständige haben Anspruch auf Elterngeld, wenn sie nach der Geburt nicht mehr als 30 Stunden pro Woche arbeiten. Erfüllen Sie diese Voraussetzung, ersetzt Ihnen die staatliche Leistung einen Teil Ihres Gewinns, der Ihnen aufgrund der Kinderbetreuung entgeht. Bei Selbstständigen berechnet sich das Elterngeld in der Regel auf Basis der Einkünfte im Steuerjahr vor der Geburt. Bei Angestellten hingegen richtet sich das Elterngeld nach dem Einkommen in den zwölf Monaten vor der Geburt. Seit 2013 dient in deren Fall allerdings nicht mehr das Nettoeinkommen als Bemessungsgrundlage, sondern die Bruttoeinkünfte im jeweiligen Zeitraum. Abzüge für die Sozialversicherung werden zwar berücksichtigt, aber nicht in ihrer tatsächlichen Höhe, sondern als Pauschalsatz (21 Prozent); ebenso werden die Abzüge für die Steuern pauschaliert ermittelt.

Auf das Elterngeld müssen Sie keine Steuern und Sozialabgaben zahlen, allerdings unterliegt es dem Progressionsvorbehalt: Es wird zum potenziellen restlichen Einkommen hinzugerechnet. Der Steuersatz, zu dem das restliche Einkommen versteuert wird, wächst entsprechend. Wie sich der Zuschuss berechnet, zeigt die folgende Tabelle.

Bruttoeinkommen minus pauschaliert ermittelte Steuern und Abgaben (bei Selbstständigen im Kalenderjahr vor der Geburt, bei Angestellten in den zwölf Monaten vor der Geburt)	**Elterngeld**
1.240 Euro und mehr	65 % des Nettoeinkommens, maximal 1.800 Euro
1.220 Euro	66 % des Nettoeinkommens
1.000 bis 1.200 Euro	67 % des Nettoeinkommens

Für Eltern mit einem Nettoeinkommen von weniger als 1.000 Euro steigt das Elterngeld schrittweise auf bis zu 100 Prozent des Nettoeinkommens an: Pro 20 Euro, die sie unter 1.000 Euro verdienen, erhalten sie ein Prozent des Nettoeinkommens als zusätzliches Elterngeld. Wenn Sie 920 Euro verdienen, wären das also 71 Prozent – und damit 653,20 Euro. Der Zuschuss vom Staat macht mindestens 300 Euro und höchstens 1.800 Euro aus. Für Mehrkindfamilien und Familien mit Zwillingen oder gar Drillingen erhöht sich diese Leistung. Genaue Informationen hierzu erhalten Sie bei der zuständigen Elterngeldstelle. Eine Liste aller Adressen finden Sie auf der Seite des Bundesfamilienministeriums im Internet unter http://www.bmfsfj.de/bmfsfj/generator/BMFSFJ/aktuelles,did=88966.html.

In der Regel erhalten Sie als Mutter oder Vater die Förderung für zwölf Monate. Falls sich auch Ihr Partner beziehungsweise Ihre Partnerin eine berufliche Auszeit von mindestens zwei Monaten gönnt, gibt es 14 Monate lang Geld vom Staat. Wie Sie die Elternmonate dann aufteilen, ob also einer zwölf Monate und der andere zwei Monate oder beide je sieben Monate zuhause bleiben, ist Ihnen überlassen. Ihre Elternmonate können sich auch überlappen. Das Elterngeld bekommen Sie zusätzlich zum Kindergeld. Falls Sie Mutterschaftsgeld erhalten, entfällt das Elterngeld in den ersten acht Wochen nach der Geburt. Das ist besser als andersrum, denn das Mutterschaftsgeld ist in der Regel höher als das Elterngeld. Läuft das Mutterschaftsgeld aus, bekommen Sie im Anschluss daran das Elterngeld – jedoch nur für zehn beziehungsweise für zehn plus zwei Monate.

Elterngeld und Zuverdienst

Sie wollen etwas dazuverdienen, während Sie das Elterngeld beziehen? Dann gilt, dass Ihnen Ihr Gewinn auf den staatlichen Zuschuss angerechnet wird. Grundsätzlich dürfen Sie bis zu 30 Stunden pro Woche arbeiten, bei längerer Arbeitszeit steht Ihnen das Elterngeld nicht mehr zu. Selbst wenn ein Honorar aus der Zeit vor der Geburt erst während der Elternzeit auf Ihrem Konto landet, erhalten Sie nur mehr ein verringertes Elterngeld. Alles, was nach der Elternzeit auf Ihr Konto eingeht, schmälert den Zuschuss vom Staat hingegen nicht.

Beispiel

SO BERECHNET SICH DAS ELTERNGELD

Svenja H. hat im Jahr vor der Geburt monatlich 2.500 Euro netto verdient, nach der Geburt verdient sie 1.200 Euro. Das Elterngeld beträgt 65 Prozent von 2.500 Euro minus 1.200 Euro – also 65 Prozent von 1.300 Euro, das sind 845 Euro. Gemeinsam mit ihrem Verdienst stehen ihr somit 2.045 Euro zur Verfügung. Ohne Zuverdienst würde sie 1.625 Euro Elterngeld bekommen.

Wer dazuverdient, bekommt als Elterngeld in der Regel 67 beziehungsweise 65 Prozent der Differenz zwischen dem Einkommen während der Elternzeit und dem Einkommen, auf dessen Basis das Elterngeld ursprünglich berechnet

	Mit Zuverdienst während der Elternzeit	Ohne Zuverdienst während der Elternzeit
Nettoeinkünfte, auf deren Basis das Elterngeld berechnet wurde	2.500 Euro	2.500 Euro
Nettoeinkünfte in der Elternzeit	1.200 Euro	0
Differenz der Einkünfte	1.300 Euro	-
Elterngeld (65 Prozent)	845 Euro	1.625 Euro
Einkünfte während der Elternzeit	2.045 Euro	1.625 Euro

wurde. Der genaue Prozentsatz ergibt sich aus dem tatsächlichen Nettoeinkommen (siehe Tabelle). Achtung: Als Einkommen im Jahr beziehungsweise Vorjahr vor der Geburt dürfen bei dieser Berechnung maximal 2.700 Euro angesetzt werden, auch wenn der Verdienst darüber lag.

Gut zu wissen

DAS ELTERNGELD PLUS

Die Eltern von ab 1. Juli 2015 geborenen Kindern dürfen sich freuen, gerade wenn sie Teilzeitarbeit und Kinderbetreuungszeit unter einen Hut bringen wollen: Ab dann gilt aller Voraussicht nach zusätzlich zur bisherigen Elterngeld-Regelung das sogenannte Elterngeld Plus.

Wer bislang im Elterngeldbezug in Teilzeit arbeitet, hat einen Nachteil: Der Gewinn oder das Einkommen aus der Teilzeit reduzieren den monatlichen Elterngeldbetrag. Teilzeitarbeiter bekommen somit deutlich weniger staatliche Förderung als Eltern, die gar nicht arbeiten. Das ändert sich mit dem Elterngeld Plus: Mütter und Väter, die in Zukunft im Elterngeldbezug in Teilzeit arbeiten, bekommen die Förderung nun doppelt so lange. Aus einem bisherigen Elterngeldmonat werden dann zwei Elterngeld-Plus-Monate.

Zusätzlich dazu ist ein Partnerschaftsbonus geplant, der den Elterngeldzeitraum ebenfalls streckt. Wenn beide Eltern pro Woche zwischen 25 bis 30 Stunden parallel arbeiten, erhält jeder Elternteil nochmals für vier Monate Elterngeld Plus. Das bisherige Elterngeld, Elterngeld Plus und der Partnerschaftsbonus können auch kombiniert werden.

Bei der Drucklegung des Buches waren noch nicht alle Details zur neuen Regelung bekannt. Informieren Sie sich am besten über den aktuellen Stand über die Seite des Bundesfamilienministeriums: www.bmfsfj.de

Sie müssen als Selbstständige übrigens im Voraus schätzen, wie hoch Ihre Einkünfte während des Elterngeldbezugs sein werden. Im Anschluss an die Babypause müssen Sie anhand einer Einnahme-Überschuss-Rechnung belegen, wie viel Geld Sie tatsächlich erwirtschaftet haben. Sie müssen dann gegebenenfalls zu viel erhaltenes Elterngeld zurückzahlen – oder Sie bekommen eine Zusatzzahlung vom Staat, falls Ihre Einkünfte niedriger als erwartet ausgefallen sind. Diese Ermittlung ist seit 2013 vereinfacht, für die Betriebsausgaben kann eine Pauschale von 25 Prozent angesetzt werden.

Gut zu wissen

BEITRAGSFREIE ZEIT IN DER GESETZLICHEN KRANKENKASSE

Wenn Sie in der gesetzlichen Krankenkasse pflichtversichert sind, haben Sie in der Babypause einen Vorteil: Sie bleiben dann beitragsfrei mitversichert. Privat und freiwillig Versicherte hingegen müssen während der Elternzeit die Prämien in voller Höhe bezahlen.

Im Gespräch

MAIKE SCHNEIDER AUS MÜNCHEN, JAHRGANG 1971,

ist Vollblut-Geschäftsfrau und als selbstständige Personalberaterin ständig auf Reisen, um Kunden zu treffen. Vom hundertprozentigen Unternehmerdasein auf die sechsmonatige Elternzeit umzuschalten, fiel ihr – dank der Unterstützung ihres Mannes – nach der Geburt ihres Sohnes Levi nicht schwer.

Wie haben Sie es geschafft, zur Geburt Ihres Kindes die Vollblut-Unternehmerin in Ihnen einzubremsen?
Ich selbst konnte bis zum letzten Tag vor der Geburt arbeiten. Danach haben meine freien Mitarbeiter das, was möglich war, übernommen. Neue Aufträge habe ich zunächst nicht akquiriert. Mein Ziel war es, die Firma am Laufen zu halten, ansprechbar zu sein – und zumindest täglich ein bis zwei Stunden zu arbeiten. Das ging, weil in meiner Branche viele Telefonate mit Kandidaten erst nach 20.00 Uhr geführt werden – und in den Zeiten konnte sich mein Mann um unseren Sohn kümmern. Nach einem halben Jahr ging mein Mann in Elternzeit und ich wechselte von Lummerland zurück in die Geschäftswelt, was so schnell ging, als hätte ich einen Schalter umgelegt.

Haben Sie während der Elternzeit Kunden verloren?
Ich habe in der Zeit einzelne Aufträge verloren, aber die Kunden sind mir geblieben. Mir war wichtig, dass sie Planungssicherheit hatten, ich habe ihnen kommuniziert, dass ich in Elternzeit gehe – aber auch, ab wann ich konkret wieder für sie arbeite. Als das halbe Jahr um war, habe ich eine Akquisetour gestartet, um deutlich zu machen, dass ich wieder da bin.

Sind Sie am Ende Ihrer Elternzeit auch wieder zu Geschäftsterminen gereist, sechs Monate nach der Geburt?
Ja, allerdings haben mich Mann und Kind während der Stillzeit begleitet, was mehr Kosten verursacht hat. Wir haben ein ungewöhnliches Bild im Flieger abgegeben – ich im Anzug, mein Mann in Jeans mit Kind auf dem Schoß. Die Leute haben sich oft gewundert, dabei sollte auch diese Rollenverteilung normal sein in der heutigen Zeit.

Arbeiten Sie jetzt wieder zu 100 Prozent?
Ich arbeite nicht mehr so viel wie vor der Geburt, damals hatte ich eine 60- bis 80-Stunden-Woche. Auch mein Mann liebäugelt damit, seine Wochenarbeitszeit zurückzuschrauben. Dennoch brauchen wir eine gute Betreuung für unseren Sohn. Eine Tagesmutter wäre toll, damit wären wir flexibler als mit der Krippenbetreuung. Angenommen, ich verpasse den Flieger, der mich zurück nach Hause bringen soll – es wäre eine Katastrophe, wenn die Krippe bei meiner Rückkehr

schon geschlossen hätte. Mit einer guten Tagesmutter, die auf solche Eventualitäten eingestellt ist, wäre es leichter.

... hauptsächlich Angestellter

Sie wollen neben Ihrer Festanstellung eine eigene Firma aufbauen, befürchten aber, dass Ihr Chef Ihnen verbietet, nach Feierabend zu arbeiten? Dann gibt es eine gute Nachricht für Sie: Jeder Deutsche darf grundsätzlich arbeiten, wo er will und was er will, und das nicht nur in einem Zweit-, sondern nach Belieben auch in einem Dritt-, Viert- oder Fünftjob. Dabei spielt es keine Rolle, ob die Extra-Arbeit selbstständig oder in einem weiteren Angestelltenverhältnis stattfindet und ob Sie bisher in Teil- oder Vollzeit angestellt sind. Das Grundgesetz garantiert in Artikel 12 die freie Berufsausübung. Sie müssen Ihren Chef in der Regel nicht einmal über Ihre zweite Tätigkeit informieren – es sei denn, Sie haben sich vertraglich dazu verpflichtet.

Das heißt natürlich nicht, dass Ihr Arbeitgeber nicht doch gerne gefragt werden würde, wenn Sie nebenher in größerem Stil Geschäfte machen. Wenn Sie ein gutes Verhältnis zu ihm haben, reden Sie doch einfach darüber – wenn Ihr Vorgesetzter durch Zufall von Ihrer Nebenher-Firma erfährt, ist er vielleicht verärgert und wirft Ihnen mangelndes Vertrauen vor. Lassen Sie sich seine Erlaubnis am besten schriftlich geben, dann haben Sie im Zweifel etwas in der Hand, falls es einen Vorgesetztenwechsel gibt oder Ihr Chef seine positive Einstellung ändern sollte. Falls er etwas gegen Ihre Zusatztätigkeit hat, überzeugen Sie ihn durch gute Argumente davon, dass die Arbeit in Festanstellung nicht unter den neuen Aufgaben leiden wird.

Gut zu wissen

EIN GENERALVERBOT IST RECHTSWIDRIG

Es gibt Chefs, die ihren Angestellten pauschal verbieten wollen, nebenher zu arbeiten. Oft findet sich bereits im Arbeitsvertrag eine entsprechende Klausel, zum Beispiel: „Während der Dauer des Arbeitsverhältnisses darf der Angestellte keinerlei Nebentätigkeit ausüben." Ein solches Generalverbot ist rechtswidrig und somit unwirksam. Gültig ist hingegen eine Klausel wie diese: „Der Arbeitnehmer darf eine Nebentätigkeit nur mit schriftlicher Zustimmung des Arbeitgebers aufnehmen." Mit dieser Formulierung stellt der Arbeitgeber sicher, darüber informiert zu werden, wenn der Angestellte nebenher arbeitet – und kann somit leichter feststellen, ob die Tätigkeit seine Interessen beeinträchtigt. Ist dies nicht der Fall, muss er die Genehmigung erteilen.

Es gibt einige Regeln, die Sie in einem Zweitberuf befolgen müssen – ansonsten kann Ihr Chef zu Recht sein Veto einlegen.

Halten Sie sich an das Wettbewerbsverbot

Ihr Arbeitgeber kann Ihnen den Zweitjob verbieten, wenn dieser seine Interessen beeinträchtigt (Landesarbeitsgericht Rheinland-Pfalz, Az. 8 Sa 69/05). Das ist der Fall, wenn Sie ihm mit Ihrem Vorhaben Konkurrenz machen. Denn dann kann er davon ausgehen, dass Sie sich ihm gegenüber nicht mehr loyal verhalten. Dieser Grundsatz kann Ihrem Vorhaben möglicherweise tatsächlich einen Riegel vorschieben, zumal Selbstständige bevorzugt die Kenntnisse nutzen wollen, die ihnen auch in der Festanstellung behilflich sind: Ein Mediengestalter ist nun mal ein Mediengestalter. Reden Sie im Zweifel mit Ihrem Arbeitgeber: Vielleicht ist er mit Ihrer Zusatztätigkeit einverstanden, weil er Sie auf Dauer nicht auslasten kann und Ihnen Ihre beruflichen Chancen nicht verbauen will.

Bleiben Sie leistungsfähig

Sind Sie in Ihrem Nebenjob selbstständig, haben Sie im Vergleich zu Kollegen, die in ihrem Nebenjob als Angestellte arbeiten, keine zeitlichen Einschränkungen: Sie müssen sich im Gegensatz zu ihnen nicht ans Arbeitszeitgesetz halten. Das heißt: Bei Angestellten, die in zwei Anstellungsverhältnissen arbeiten, dürfen Haupt- plus Nebenjob höchstens 48 Stunden pro Woche in

Anspruch nehmen. Sie hingegen dürfen im Nebenjob grundsätzlich so lange arbeiten, wie Sie wollen. Das bedeutet jedoch nicht, dass Sie bis zur völligen Erschöpfung arbeiten sollten. Denn wenn Sie ständig müde und unkonzentriert sind, weil Sie rund um die Uhr in Ihrem Nebenjob malochen, darf Ihr Chef zu Recht annehmen, dass der Nebenjob die Haupttätigkeit negativ beeinflusst – und ihn verbieten.

Beispiel

ZU VIEL ARBEIT, ZU WENIG ERHOLUNG

Wenn ein Bankangestellter im Nebenjob eine Nachtbar betreibt und selbst bis tief in die Nacht hinterm Tresen steht, kann ein Arbeitgeber davon ausgehen, dass der Angestellte nicht in der Lage ist, ab dem frühen Vormittag hochkonzentriert und leistungsfähig die Kunden zu beraten. Es geht auch darum, dass Sie auf sich achten: Wenn Sie bei der Arbeit ständig bis an Ihre Grenzen gehen und sich nicht ausreichend erholen, kann Sie das auf Dauer ernsthaft krank machen.

Vermischen Sie die Tätigkeiten nicht

Viele Selbstständige in Teilzeit räumen ein, dass sie „nur mal schnell“ etwas im Hauptjob für die Nebentätigkeit erledigen, beispielsweise eine E-Mail-Anfrage ausführlich beantworten oder sogar einen ganzen Flyer entwerfen. Doch Vorsicht: Vermischen Sie Ihre Tätigkeiten nicht. In diesem Fall kann Ihnen Ihr Chef zu Recht vorwerfen, dass Sie ihm Ihre Arbeitskraft, für die er schließlich bezahlt, nicht voll und ganz zur Verfügung stellen, er kann Sie gegebenenfalls abmahnen oder Ihnen sogar kündigen. Selbst wenn Ihre Fremdarbeit nicht auffliegt, dürften Sie großen Stress damit haben, dass Ihre Doppelarbeit unentdeckt bleibt – vermutlich erledigen Sie dann weder den einen noch den anderen Job gewissenhaft.

Erholen Sie sich im Urlaub!

Im Urlaub aus dem Angestelltenverhältnis sollten Sie nicht neue Kunden für Ihre Selbstständigkeit akquirieren oder liegen gebliebene Aufträge abarbeiten, er dient allein Ihrer Erholung. Das sieht auch der Gesetzgeber so: § 8 des Bundesurlaubsgesetzes verbietet es dem Arbeitnehmer, einer „dem Urlaubszweck widersprechenden Erwerbstätigkeit“ nachzugehen. Haben Sie den letzten Satz genau gelesen? Aus dem Gesetzeswortlaut ergibt sich, dass grundsätzlich nicht jede Nebentätigkeit im Urlaub verboten ist – Nebentätigkeiten, die Erholung und Ausgleich versprechen, sind erlaubt.

Beispiel

HOCH AUF DEN BERGEN ODER DAHEIM IM BÜRO

Personalleiter Josef K. ist im Nebenberuf Bergführer. Während seines Erholungsurlaubs führt er eine Handvoll routinierter Bergsteiger auf hohe Schweizer Gipfel. Selbst wenn die Tour anstrengend ist, entspannt sich Josef K. dabei: Für ihn, der sonst überwiegend sitzend im Büro arbeitet, ist die körperliche Anstrengung pure Erholung. Dass er dabei für weitere Bergsteiger verantwortlich ist, beeinträchtigt seinen Urlaubsgenuss unwesentlich. Anders ist der Fall bei Emilie M. gelagert: Die Sekretärin will im Urlaub eine Webseite für einen Kunden programmieren. Es liegt nahe, dass sie, die im Arbeitsalltag fast ausschließlich vor dem Bildschirm sitzt, nicht entspannt, wenn sie ihren 14-tägigen Urlaub mit Computerarbeit verbringt.

Wenn Sie krank sind, sind Sie krank

Wenn Sie im Hauptjob krankgeschrieben sind, dürfen Sie nichts unternehmen, was den Heilungsprozess verzögern könnte. Ein Software-Entwickler darf also nicht fiebrig und hustend seinen Onlinehandel betreiben, sondern muss sich auskurieren.

Beispiel

DER BEINBRUCH

Ein Fitnesstrainer darf in der Zeit seiner Krankschreibung wegen eines Beinbruchs auf keinen Fall zum Umzugshelfer werden. Es spricht aber wohl nichts dagegen, wenn er als freier Journalist einen Artikel für eine Sportzeitschrift verfasst.

Sonderfall öffentlicher Dienst

Wenn Sie im öffentlichen Dienst arbeiten, sind Ihnen in Bezug auf Nebentätigkeiten engere Grenzen gesetzt als Angestellten in der Privatwirtschaft, die Regelungen des Arbeitsrechts greifen dann nicht. Wenn Sie verbeamtet sind, müssen Sie sich in der Regel vorab die Nebenher-Selbstständigkeit genehmigen lassen; lediglich für wenige Nebentätigkeiten – beispielsweise für unentgeltliche, schriftstellerische, wissenschaftliche oder künstlerische Arbeit – ist keine Voraberlaubnis nötig. Anzeigen müssen Sie Ihr Vorhaben in jedem Fall.

Um sich Ihre Teilzeit-Selbstständigkeit genehmigen zu lassen, müssen Sie bei Ihrer zuständigen Behörde Angaben zur Art, zum zeitlichen Umfang, zu Arbeit- und Auftraggeber und zur zu erwartenden Vergütung machen. Wenn Sie nicht wissen, wie viel Sie verdienen werden, reicht es nicht, „Verdienst ungewiss" zu melden – Ihr Dienstherr erwartet zumindest eine realistische Schätzung.

Die zeitlichen Grenzen Ihrer Nebentätigkeit bestimmt die sogenannte Fünftelregelung: Der Nebenjob wird Beamten in der Regel untersagt, wenn er mehr als ein Fünftel der regelmäßigen wöchentlichen Arbeitszeit beansprucht. Auch darf der Verdienst nicht mehr als 40 Prozent des jährlichen Grundgehalts betragen. Diese Verdienstgrenze gilt, weil Vergütung und Zeitaufwand oft in engem Zusammenhang stehen. Der Verdacht liegt nahe, dass für einen extrem hohen Verdienst auch über die Maßen viel Zeit aufgewendet werden muss. Dass Sie Ihren Dienst in diesem Fall noch ordnungsgemäß erfüllen können, wird angezweifelt. Sind Sie Beamter in Teilzeit, darf der Verdienst ebenfalls 40 Prozent des Grundgehalts nicht überschreiten – allerdings auf Basis einer Vollzeitstelle gerechnet. Diese Grenzen sind nicht starr: Wenn

Sie nachweisen können, dass Sie nicht so viel Arbeitszeit in den Nebenjob stecken, wie es der Verdienst vermuten lässt, dürfte einer Fortsetzung der Tätigkeit nichts im Wege stehen. Und auch wenn Sie mehr als ein Fünftel Ihrer Wochenarbeitszeit als Beamter in die Nebentätigkeit investieren, ist das in Ordnung, sofern Sie das nur vorübergehend tun.

Keinen Spielraum gibt es hingegen, wenn Sie wegen der Teilzeit-Selbstständigkeit in einen Interessenkonflikt mit Ihren dienstlichen Pflichten geraten – etwa weil Sie nebenher in einem Bereich arbeiten wollen, mit dem Ihre Behörde befasst sein kann. Hier müssen Sie mit einem Nebentätigkeitsverbot rechnen. Auch darf Ihr Vorhaben Ihre Unparteilichkeit oder Unbefangenheit in Ihrer Funktion als Beamter nicht gefährden.

Beispiel

BEAMTER MIT NEBENJOB?

Klaus E. ist Beamter im Sportamt. Er darf nicht nebenher als Veranstalter großer Sportevents arbeiten. Auch dürfen Sie als Beamter keine Arbeiten übernehmen, mit denen Sie dem Ansehen der Verwaltung schaden könnten. Wenn beispielsweise ein Polizist als Türsteher eines Tanzclubs jobbt, dürfte das kaum toleriert werden.

Ob der Nebenjob genehmigt wird, hängt nicht von der Laune Ihres Dienstherrn ab – es gelten klare Regeln. Sprechen dienstliche Interessen gegen die Tätigkeit, muss sie verboten werden. Spricht nichts dagegen, haben Sie wiederum sogar einen Rechtsanspruch auf die Genehmigung. Allerdings trägt der ein Verfallsdatum: Nach fünf Jahren müssen Sie als Beamter erneut eine Zusage einholen.

Für Angestellte im öffentlichen Dienst, die nicht verbeamtet sind, gelten seit 2005 andere Regeln. Sie sind im Tarifvertrag für den öffentlichen Dienst (TVöD) enthalten. Dieser verweist in Sachen Nebentätigkeit nicht mehr auf das vergleichsweise strenge Beamtenrecht. In § 3 Absatz 3 TVöD ist den Mitarbeitern vorgeschrieben, dass die Beschäftigten bezahlte Nebentätigkeiten „rechtzeitig vorher schriftlich anzeigen“ müssen; eine ausdrückliche Genehmigung für die Tätigkeit ist nicht nötig. Jedoch kann der Arbeitgeber die Nebentätigkeit verbieten oder deren Ausübung mit Auflagen versehen, wenn diese die Hauptarbeit beeinträchtigt oder berechtigten Interessen des Dienstherrn entgegensteht.

Das Recht auf Verringerung der Wochenarbeitszeit

Sie wollen sich nebenher selbstständig machen, befürchten aber, dass Ihnen wegen Ihrer Festanstellung zu wenig Zeit für Ihr neues Vorhaben bleibt? Sie würden daher gerne Ihre Wochenarbeitszeit reduzieren? Dann sollten Sie Ihre Rechte kennen, denn grundsätzlich gilt: Jeder Arbeitnehmer hat Anspruch auf eine Verringerung seiner Arbeitszeit. So will es das Teilzeit-und Befristungsgesetz, das unter anderem mit dem Ziel geschaffen wurde, Teilzeitarbeit zu fördern. Das Gesetz gilt in allen Betrieben mit mehr als 15 Mitarbeitern für all diejenigen Angestellten, die seit mindestens sechs Monaten im Unternehmen beschäftigt sind. Liegen diese Voraussetzungen bei Ihnen vor, müssen Sie spätestens drei Monate vor Beginn der Arbeitszeitänderung einen entsprechenden Antrag stellen und den Umfang der Verringerung angeben. Ihr Chef wiederum muss Ihnen spätestens einen Monat vor dem gewünschten Teilzeitstart mitteilen, ob er einverstanden ist. Falls er gegen das gewünschte Arbeitszeitmodell ist, muss er Ihnen die Gründe dafür nennen. Äußert er sich innerhalb dieser Frist nicht, verringert sich Ihre Arbeitszeit automatisch.

Die Gründe, aus denen Ihnen Ihr Vorgesetzter einen Strich durch die Rechnung machen kann, dürfen übrigens lediglich betrieblicher Natur sein. Was genau darunter zu verstehen ist, ist nicht eindeutig definiert. In jedem Fall müssen die Einwände plausibel sein und die geplante Nebentätigkeit muss zu einer Beeinträchtigung des Betriebs führen, sich also beispielsweise negativ auf die Organisation, den Arbeitsablauf oder die Sicherheit im Betrieb auswirken.

Auch falls im Zusammenhang mit Ihrer neuen Arbeitszeit sehr hohe Kosten entstehen, haben Sie schlechte Karten. Das ist jedoch nicht der Fall, wenn die Personalabteilung eine Stellenanzeige schalten muss, um einen neuen Mitarbeiter einzustellen, der die Stundenreduzierung auffängt. Auch die Kosten, die durch dessen Einstellung entstehen, sind einem Arbeitgeber zuzumuten. Falls er das anders sieht und Ihr Teilzeitersuchen gegebenenfalls auch nach einer Anhörung des Betriebsrats partout ablehnt, bleibt Ihnen im Zweifel nur der Weg zum Arbeitsgericht. Hier ist es schließlich Sache des Arbeitgebers darzulegen, welche betrieblichen Gründe gegen die Arbeitszeitverkürzung sprechen, und dies auch zu beweisen. Doch Vorsicht: Eine gerichtliche Auseinandersetzung sollte allenfalls das letzte Mittel sein, Ihre Ansprüche durchzusetzen, zumal das Verhältnis zu Ihrem Chef durch einen Gerichtsprozess erheblich leiden dürfte.

Diese Sozialversicherungsbeiträge müssen Sie selbst tragen

Sie sind angestellt und selbstständig – doch was davon ist Ihr Haupt- und was Ihr Nebenberuf? Für die gesetzlichen Krankenkassen macht das einen gewaltigen Unterschied, die Antwort auf diese Frage entscheidet über die Höhe Ihrer Versicherungsbeiträge.

Wenn Sie gesetzlich krankenversichert sind, ist es in Hinblick auf die Beiträge vorteilhaft, wenn Sie als nebenberuflich selbstständig gelten und Ihre Anstellung den Hauptberuf ausmacht. Dann nämlich sind Sie über Ihren Arbeitgeber krankenversichert. Derzeit (Stand 2015) ist in diesem Fall ein Beitrag in Höhe von 14,6 Prozent (plus eines individuellen Zusatz-Beitrags) fällig, wovon Ihr Arbeitgeber 7,3 Prozent übernimmt – dies gilt nur für Ihr Bruttogehalt, das Einkommen aus Ihrer Selbstständigkeit bleibt unberücksichtigt!

Diese sehr günstige Art, versichert zu sein, kommt nicht infrage, wenn Sie hauptberuflich selbstständig sind. Das gilt dann, wenn Sie eine oder mehrere der folgenden Bedingungen erfüllen:

- Sie beziehen in der Regel den größeren Teil des Einkommens aus der selbstständigen Tätigkeit.
- Sie arbeiten mehr als 20 Stunden pro Woche selbstständig.

Wenn Sie hauptberuflich selbstständig sind, sind Sie nicht über Ihren Arbeitgeber krankenversichert. Das gilt auch, wenn Sie Ihre bisherige nebenberufliche Selbstständigkeit zu einer hauptberuflichen ausbauen. Ab Seite 104 erfahren Sie, wie Sie sich in diesem Fall versichern sollten.

Bewegen Sie sich mit Ihrer Selbstständigkeit an der Grenze zur Hauptberuflichkeit, kann es zu Zweifeln daran kommen, ob Ihre Tätigkeit richtig eingestuft ist. In der Regel prüft die Krankenkasse im Einzelfall, wie sich Arbeitszeit und -entgelt zueinander verhalten. Wenn Sie etwa unverhältnismäßig wenig Zeit in Ihr Vorhaben stecken, aber unverhältnismäßig viel Gewinn erwirtschaften, wird nach den Gründen hierfür geforscht und hinterfragt, ob es sich nicht doch um eine hauptberufliche Tätigkeit handelt. In einer Gesamtbetrachtung wird am Ende festgestellt, ob entweder die Arbeitszeit oder der Verdienst der Selbstständigkeit beziehungsweise der Anstellung „deutlich überwiegt". Dass eine Tätigkeit die hauptberufliche ist, vermuten die Krankenkassen, wenn Arbeitszeit oder Einkommen der einen Tätigkeit um mehr als 20 Prozent über dem Vergleichswert der anderen liegen.

Wenn Sie mit Ihrer selbstständigen Tätigkeit nur wenig mehr als in Ihrer Anstellung verdienen, kann es sich im Einzelfall durchaus lohnen, einige Aufträge abzulehnen. Denn dann bleiben Sie hauptberuflich angestellt und sparen sich die Ausgaben für die Krankenkassenbeiträge. Oder Sie versuchen, Ihre Betriebsausgaben zu erhöhen und auf diese Weise die Einnahmen aus der Selbstständigkeit zu senken.

Tipp

INFORMIEREN SIE SICH GENAU, WAS IN IHREM FALL GILT

Es kann Ausnahmen von diesen Regeln geben – so gelten etwa in der Elternzeit Besonderheiten: Wird die Anstellung für eine begrenzte Phase unterbrochen, die Selbstständigkeit aber weitergeführt, gilt sie dadurch nicht automatisch als hauptberuflich, sofern sie nicht ausgeweitet wird.

Wenn sich der Status Ihrer Selbstständigkeit von nebenberuflich in hauptberuflich ändert, müssen Sie das Ihrer Krankenkasse mitteilen. Falls Sie nicht wissen, wie sich Ihre Umsätze entwickeln werden, also ob Sie im Lauf des Jahres haupt- oder nebenberuflich selbstständig arbeiten werden, stuft die Krankenkasse Sie ein. Dazu nimmt sie gegebenenfalls eine Schätzung aufgrund Ihrer Beschäftigungssituation im Vorjahr vor oder ordnet Sie aufgrund einer realistischen Prognose von Ihnen ein, die Sie anhand der Vorjahressituation oder Ihrer Auftragslage treffen. Belege sind hierbei nicht nötig. Ergeben sich im laufenden Jahr Änderungen, die nicht nur vorübergehend sind, zum Beispiel weil Sie einen neuen Großkunden gewinnen, werden diese erst für die Zukunft berücksichtigt.

Im Gespräch

STEFAN ALLMEIER, JAHRGANG 1972,

arbeitete in Festanstellung als Leichtmetall-Bauteilentwickler bei einem Automobilzulieferer – und baute nebenher seine eigene Firma Instal auf. Auch hier bringt der zweifache Familienvater aus Unterschleißheim sein Know-how als Schweiß- und Aluminiumexperte ein. Seine Leistungen bietet er nicht nur der Autobranche an, sondern auch anderen Wirtschaftszweigen wie dem Solaroder Baubereich. Instal erledigt vor allem Ad-hoc-Aufträge und springt ein, wenn andere Firmen beispielsweise in Zeitnot geraten. Das ist möglich, weil Allmeier auf ein bundesweites Expertennetzwerk zurückgreifen kann. Anfang 2011 hat er seine Festanstellung gekündigt, um sich mit voller Kraft dem eigenen Unternehmen zu widmen.

Neben Ihrer Vollzeit-Festanstellung bei einem Automobilzulieferer haben Sie nebenberuflich mit Ihrer eigenen Firma diverse Aufträge abgewickelt, an den Feierabenden oder an Wochenenden. War Ihnen langweilig im Hauptberuf?
Nach fünf Jahren mit derselben Aufgabenstellung war es an der Zeit, aus der Routine auszubrechen und etwas Neues zu versuchen – das habe ich zunächst einfach als Hobby gemacht. Ich wollte mich ausprobieren und fachlich weiterentwickeln. Dass mich ein früherer Arbeitgeber um Unterstützung bei einem Projekt bat, kam mir da gelegen – mit diesem ersten Auftrag begann mein Nebenberuf. Ich stand auch an dem Punkt, an dem ich den nächsten Karrieresprung machen musste. Wäre das innerhalb einer Firma passiert, hätte ich mich von den tech-

nischen Tätigkeiten entfernen müssen und wäre eher zum Verwalter mit Managementaufgaben geworden. Das wollte ich nicht. Natürlich muss ich mich als Unternehmer auch um die Verwaltung kümmern, aber um die meiner eigenen Projekte – und ich kann dafür sorgen, dass ich immer auch fachlich arbeite.

Wie konnten Ihre Kunden Sie erreichen, wenn Sie in Vollzeit für Ihren ehemaligen Arbeitgeber tätig waren?
Über E-Mail und Handy, und doch mussten die Kunden oft auf die Mailbox sprechen, bis ich sie in einer ruhigen Minute zurückrufen konnte, zum Beispiel in der Mittagspause. Aber sie wussten über meine eingeschränkte Erreichbarkeit Bescheid, also darüber, dass ich zum Beispiel nur entweder gleich morgens um acht oder abends ab 18.00 Uhr an Telefonkonferenzen teilnehmen konnte. Es gab auch einen Kunden, mit dem ich mich immer samstags getroffen habe – das ist für Unternehmer, die oft quasi rund um die Uhr arbeiten, häufig kein Problem. Aber im Großen und Ganzen habe ich das Glück, in einer Branche zu arbeiten, in der die Kunden froh sind, überhaupt einen Experten zu finden. Wenn dann auch noch das Preis-Leistungs-Verhältnis stimmt, nehmen sie auch eher untypische Telefonzeiten in Kauf.

Haben Sie Ihre gesamte Freizeit in Ihre Nebenher-Firma gesteckt?
Viel davon schon – aber ich wollte auch für meine Familie da sein und den Sport nicht vernachlässigen. Mein Fitnessstudio hat bis 23.00 Uhr geöffnet, das kam mir nach einem späten Feierabend entgegen. Generell ist alles eine Frage der richtigen Planung und man muss seine Arbeit mögen. Meine Kinder dachten oft, „der Papa spielt am Computer", wenn ich gearbeitet habe – anscheinend habe ich zufrieden gewirkt.

Wie kam es dazu, dass Sie sich entschieden haben, Ihre Festanstellung zu kündigen, um sich komplett Ihrer eigenen Firma zu widmen?
Ich habe binnen kürzester Zeit immer mehr Aufträge bekommen. Da wurde mir klar: Die Firma ist viel mehr als ein Hobby. Ich muss sie ganz oder gar nicht weiterführen, es muss eine klare Trennung zwischen ihr und der Festanstellung geben. Die Zeit fürs Selbstständigwerden war generell günstig: Der Wirtschaftsaufschwung war da. Und sollte ich mit der Firma scheitern, wovon ich nicht ausgehe, bin ich immer noch jung genug, um wieder angestellt zu werden. Ich könnte

es mir aber nie verzeihen, als Rentner auf mein Berufsleben zurückzublicken und mir eingestehen zu müssen, nie versucht zu haben, mein eigener Chef zu werden.

Wie haben Sie sich am Tag der Kündigung gefühlt?
Ich war traurig, dieses Netz aufzugeben. Ich wusste, meine Geschäftsidee ist gewachsen und durchdacht, aber an diesem Tag ging es mir nicht gut.

Ihre Prognose für Ihre berufliche Zukunft?
Meinen Businessplan habe ich mithilfe eines Beraters erarbeitet. Alles ist optimal kalkuliert, es sieht gut aus. Ich werde nun vorsichtig einen Schritt nach dem anderen gehen und sorgfältig prüfen, ob ich einen Mitarbeiter einstellen kann. Fachlich werde ich mich auch um andere Branchen bemühen, beispielsweise die Sportartikelindustrie, da gibt es viele Entwicklungsmöglichkeiten, unter anderem bei Fahrrädern. Ich bin hoch motiviert, euphorisch und optimistisch, dass ich meine Visionen umsetzen werde.

... hauptsächlich Arbeitslosengeld-I-Empfänger

Auch wenn Sie Arbeitslosengeld I beziehen, dürfen Sie nebenher selbstständig arbeiten – solange Sie weniger als 15 Stunden pro Woche tätig sind. Wenn Sie mehr Zeit investieren, gelten Sie nicht mehr als arbeitslos und verlieren folglich Ihren Anspruch auf das Arbeitslosengeld. Hintergrund dieser Regelung ist, dass Sie den Großteil Ihrer Zeit in die aktive Jobsuche stecken sollen.

Um als Nebenher-Selbstständiger das Arbeitslosengeld in voller Höhe zu erhalten, müssen Sie zudem eine Verdienstgrenze beachten: Sie dürfen nicht mehr als 165 Euro Einkommen (Gewinn) erzielen. Wenn Ihnen nach Abzug Ihrer Betriebsausgaben mehr Geld übrig bleibt, wird Ihnen der entsprechende Betrag vom Arbeitslosengeld abgezogen. Verdienen Sie mit Ihrer Tätigkeit sogar mehr, als Ihr Arbeitslosengeld I ausmacht, sind Sie nicht mehr durch die Arbeitsagentur kranken- und rentenversichert – und Sie müssen die Beiträge für die Zeit mit zu hohem Einkommen zurückzahlen. Bei dieser Berechnung geht es übrigens allein um den Zeitraum, in dem Sie gearbeitet haben, und nicht um den Stichtag, an dem Sie das Geld für Ihre Leistung bekommen. Das heißt: Honorare aus einer Zeit, in der Sie noch nicht arbeitslos waren, die aber erst während der Arbeitslosigkeit auf Ihrem Konto landen, schmälern das Arbeitslosengeld I nicht.

Sie finden, dass der Freibetrag von 165 Euro sehr niedrig ist? Bedenken Sie, dass es bei einer Selbstständigkeit während der Arbeitslosigkeit nicht nur um den Verdienst an sich geht, sondern auch um die praktischen Erfahrungen, die Sie erwerben und mit denen Sie sich weiter für den Arbeitsmarkt qualifizieren. Zudem wird lediglich der Gewinn nach Abzug von Betriebsausgaben und betriebsnotwendigen Investitionen auf den Freibetrag angerechnet. Das bedeutet, dass Sie höhere Umsätze nutzen können, um schrittweise eine Infrastruktur für Ihre spätere Selbstständigkeit aufzubauen – und das, während Ihr Lebensunterhalt sowie die Renten- und Krankenversicherungsbeiträge durch die Arbeitsagentur abgesichert sind. Allerdings sollten Sie größere Ausgaben vorab mit Ihrem Berater absprechen, denn die Arbeitsagentur ist bei der Anerkennung von Ausgaben oft strenger als das Finanzamt. Übrigens können Sie auch ohne den Nachweis von Ausgaben pauschal 30 Prozent Ihrer Einnahmen als Betriebsausgabe geltend machen. So dürfen Sie auf jeden Fall einen Umsatz von mindestens 235 Euro pro Monat erzielen, ohne dass Sie etwas von Ihrem Arbeitslosengeld I verlieren.

Wann gilt ein höherer Freibetrag?

Wichtig zu wissen: Der Freibetrag von 165 Euro kann sich in Ausnahmefällen deutlich erhöhen, wenn Sie schon als Angestellter nebenberuflich tätig waren – und zwar, wenn Sie während der vergangenen 18 Monate neben der Festanstellung mindestens zwölf Monate lang regelmäßig selbstständig gearbeitet haben. Gehören Sie zu dieser Personengruppe und führen Sie Ihre Selbstständigkeit auch während Ihrer Arbeitslosigkeit fort, werden Ihnen die Gewinne aus dieser Tätigkeit nicht vom Arbeitslosengeld abgezogen – egal wie hoch sie sind. Selbst wenn sie weit über der Freibetragsgrenze liegen, dürfen Sie sowohl die Gewinne als auch das Arbeitslosengeld komplett behalten. Die Bedingungen, die Sie in diesem Fall erfüllen müssen, lauten:

- Sie dürfen in der Arbeitslosigkeit nicht mehr mit Ihrem Vorhaben verdienen als zuvor und
- Sie müssen weniger als 15 Stunden dafür aufwenden – sonst wären Sie wiederum hauptberuflich selbstständig und damit nicht arbeitslos.

Beispiel

NEBENHER SELBSTSTÄNDIG ALS WEBSEITEN-PROGRAMMIERER

Hannes M. war schon während seiner letzten Anstellung nebenher als Selbstständiger tätig und hat Webseiten programmiert. Seit er arbeitslos ist, wendet er für diese Arbeit nach wie vor etwa zwölf Stunden pro Woche auf – ohne Kürzungen des Arbeitslosengeldes I befürchten zu müssen.

Die Arbeitslosigkeit für einen Auftrag unterbrechen

Vor allem wenn Sie nebenher selbstständig sind, kann es passieren, dass Aufträge stoßweise kommen: Erst haben Sie über Wochen hinweg gar nichts zu tun und auf einmal werden Sie mit der Arbeit gar nicht fertig. Wenig hilfreich wäre es, wenn Sie dann einen interessanten Auftrag ablehnen, nur um den vollen Anspruch auf Arbeitslosengeld zu erhalten. Das müssen Sie auch nicht, denn Arbeitslosen ist es möglich, den Leistungsbezug für eine gewisse Zeit ruhen zu lassen und sich für eine oder mehrere Wochen bei ihrem Berater abzumelden. In diesem Fall können Sie den gesamten Gewinn behalten, ohne etwas von Ihrem Arbeitslosengeld einzubüßen. Die Anspruchsdauer verlängert sich dann um die Zeit, in der Sie die Leistung der Arbeitsagentur nicht in Anspruch genommen haben. Melden Sie sich am besten persönlich ab und geben Sie auch gleich an, wann die selbstständige Phase endet. Die Arbeitslosigkeit setzt nach Ablauf dieser Frist wieder ein, ohne dass Sie sich erneut persönlich melden müssen. Ausnahme: Nach Unterbrechungen, die länger als sechs Wochen dauern, müssen Sie sich in jedem Fall wieder bei Ihrem Fallmanager arbeitslos melden.

In Phasen der Selbstständigkeit gelten Sie nicht als arbeitslos, denn Sie arbeiten ja mehr als 15 Stunden pro Woche. Daher müssen Sie nicht nur auf das Arbeitslosengeld verzichten, sondern sind grundsätzlich auch nicht durch die Arbeitsagentur sozialversichert. Sie müssen sich also selbst um Ihren Schutz bei Krankheit kümmern; die Rentenversicherungspflicht ruht. Als Arbeitsloser sind Sie gewöhnlich über die Arbeitsagentur krankenversichert, bei Unterbrechungen gilt eine einmonatige Nachversicherung, sodass Sie zunächst nahtlosen Schutz haben.

Tipp

INFORMIEREN SIE SICH ÜBER DEN GRÜNDUNGSZUSCHUSS

Beachten Sie, dass Sie beim Übergang von einer nebenberuflichen zur hauptberuflichen Selbstständigkeit unter Umständen Anspruch auf Gründungszuschuss haben. Hier kommt es auf das richtige Timing an. Nehmen Sie die hauptberufliche Selbstständigkeit nicht schon während der Arbeitslosigkeit vorweg. Mehr Informationen hierzu finden Sie in Kapitel 5.

... hauptsächlich Arbeitslosengeld-II-Empfänger

Wenn Sie Arbeitslosengeld II beziehen, können Sie, ja sollen Sie sogar nebenher arbeiten, und das gerne auch selbstständig. Sie brauchen dabei keine Stundengrenze wie beim Arbeitslosengeld-I-Bezug zu beachten und können Ihr Vorhaben theoretisch rund um die Uhr verfolgen. Die Arbeitsagenturen zahlen weiter die Krankenkassenbeiträge der gesetzlich versicherten Arbeitslosengeld-II-Empfänger, ebenso die Beträge in Höhe des Basistarifs von privat versicherten Empfängern – solange sie nach Anrechnung ihres Verdienstes noch Arbeitslosengeld II beziehen. Damit Sie sich nicht Ihre gesamten Einkünfte aufs Arbeitslosengeld II anrechnen lassen müssen und sich durch die Tätigkeit Ihre finanzielle Situation tatsächlich verbessert, dürfen Sie je nach Verdienst bestimmte Freibeträge behalten. Zusätzlich kann der Bezug von

Einstiegsgeld ein guter Anreiz für Sie sein, sich selbstständig zu machen – über diese Fördermöglichkeit erfahren Sie im folgenden Kapitel mehr.

Die Höhe der Freibeträge hängt bei Arbeitslosengeld-II-Empfängern vom Bruttoeinkommen beziehungsweise vom Gewinn ab – also von dem Einkommen vor Steuern, aber nach Abzug betrieblich notwendiger Ausgaben. Bei der Anerkennung betrieblicher Ausgaben greifen nicht immer dieselben Maßstäbe wie im Steuerrecht, größere Ausgaben sollten besser vorab mit dem Fallmanager besprochen werden. Es besteht die Gefahr, dass dieser die Notwendigkeit und Angemessenheit einer Ausgabe streng beurteilt und am Ende nicht anerkennt. Wenn Sie die Ausgaben nicht als Einzelposten abziehen wollen, können Sie als Selbstständiger alternativ pauschal 20 Prozent der Einnahmen ohne Nachweis als Betriebsausgabe absetzen. Von dem so berechneten „Gewinn" können Sie folgende Freibeträge behalten:

- Verdienen Sie bis zu 100 Euro brutto, hat Ihr Einkommen keine Auswirkung auf das Arbeitslosengeld II – Sie können Ihren Gewinn komplett behalten. Diese 100 Euro sind ein Grundfreibetrag, der pauschal Werbungskosten, private Versicherungsbeiträge, berufliche Fahrtkosten und Vorsorgeaufwendungen decken soll.
- Verdienen Sie zwischen 100,01 bis 1.000 Euro, kommt zu den anrechnungsfreien 100 Euro nochmals ein Freibetrag von 20 Prozent des Bruttoeinkommens (minus der bereits berücksichtigten 100 Euro) dazu. 80 Prozent müssen Sie abführen. Beispiel: Die Hartz-IV-Empfängerin Lena H. verdient 500 Euro, 100 Euro darf sie ohne weitere Berechnung sogleich als Freibetrag behalten. Das ist noch nicht alles: Um Lena H.s zusätzlichen Freibetrag zu berechnen, werden die 100 Euro von den 500 Euro abgezogen – von den verbleibenden 400 Euro bekommt sie weitere 20 Prozent, also 80 Euro, als Zusatzfreibetrag. Insgesamt bleiben ihr damit anrechnungsfreie 180 Euro.
- Verdienen Sie zwischen 1.000,01 und 1.200 Euro, gilt ein Selbstbehalt von zehn Prozent auf das Einkommen oberhalb von 1.000 Euro. 90 Prozent müssen Sie abführen. Haben Sie ein minderjähriges Kind, erhöht sich der Betrag hier auf bis zu 1.500 Euro. Beispiel: Julius K. verdient 1.100 Euro. 100 Euro Grundfreibetrag bleiben ihm ohne weitere Berechnungen. Dazu

kommt ein Freibetrag in Höhe von 20 Prozent von 1.000 Euro minus dem Grundfreibetrag von 100 Euro, also von 900 Euro – das sind 180 Euro. Ferner kommt ein Freibetrag von zehn Prozent auf seinen Verdienst über der Grenze von 1.000 Euro hinzu – also auf weitere 100 Euro. Das sind weitere zehn Euro. Macht also in Summe 100 Euro plus 180 Euro plus zehn Euro = 290 Euro Freibetrag.

Maximal verbleiben Ihnen nach der Anrechnung auf das Arbeitslosengeld II vom Hinzuverdienst bis zu 300 Euro, wenn Sie keine Kinder haben, ansonsten sind es bis zu 330 Euro.

Was Sie wissen sollten: Wenn Ihre Ausgaben für Werbungskosten, private Versicherungen, berufliche Fahrtkosten und Vorsorgeaufwendungen über den Grundfreibetrag von 100 Euro hinausgehen und Ihr Umsatz höher als 400 Euro ist, können die Kosten in nahezu tatsächlicher Höhe berücksichtigt werden – und zwar nach folgenden Regeln:

- ➜ Fahrtkosten von der Wohnung zum Arbeitsplatz können mit 20 Cent pro Entfernungskilometer geltend gemacht werden.
- ➜ Ohne einen Nachweis können Sie für angemessene private Versicherungen 30 Euro pro Monat ansetzen. Gesetzlich vorgeschriebene Versicherungen wie die Kfz-Haftpflichtversicherung können Sie unabhängig von der geschäftlichen Nutzung des Autos komplett vom Einkommen abziehen.
- ➜ Wenn Sie, wie bei Selbstständigen in der Regel der Fall, nicht in der gesetzlichen Kranken- und Rentenversicherung pflichtversichert sind, fallen Ihre Versicherungsbeiträge nicht unter die 30-Euro-Pauschale. Sie können wesentlich höhere Aufwendungen für die freiwillige oder private Kranken-/Pflegeversicherung, Rentenversicherung, Unfallversicherung, Berufs- und Erwerbsunfähigkeitsabsicherung sowie Lebensversicherung geltend machen, sofern Sie hierzu nicht ohnehin einen Beitragszuschuss im Rahmen des Arbeitslosengeldes II erhalten.
- ➜ Unabhängig davon lassen sich Beiträge zur Riester-Rente absetzen.

Neben diesen höheren nachgewiesenen Ausgaben, die an die Stelle des Grundfreibetrags von 100 Euro treten, können Sie Steuern und Pflichtbeiträge zur gesetzlichen Sozialversicherung sowie Unterhaltsverpflichtungen absetzen.

Die folgenden Beispiele zeigen, wie Sie vom Umsatz alle nötigen Abgaben und die Freibeträge abziehen, damit Sie wissen, wie viel von Ihrem Einkommen auf Ihr Arbeitslosengeld II angerechnet wird.

	Fall 1	Fall 2	Fall 3
	Ohne Kind	Ohne Kind	Mit Kind
	Alle Angaben in Euro		
Umsatz	450	1.260	2.100
minus notwendige Betriebsausgaben oder 20-Prozent-Pauschale	200	252	600
= Gewinn/„Bruttoeinkommen"	250	1.008	1.500
minus Grundfreibetrag*	100		
minus Fahrtkosten zur Arbeit (oder 20 Cent/ Entfernungskilometer)	-	90	80
minus Versicherungen (oder 30-Euro-Pauschale)	-	30	300
minus Sozialversicherung (soweit selbst zu zahlen)			
minus Steuern		65	100
= „Nettoeinkommen"	150	823	1.020
minus 20 Prozent Freibetrag auf Bruttoanteil zwischen 100 Euro und 1.000 Euro	30	180	180
minus 10 Prozent Freibetrag auf Bruttoanteil zwischen 1.000 Euro und 1.200 ohne/1.500 Euro mit Kind	-	0,80	150
Anrechenbares Einkommen, welches das Arbeitslosengeld II mindert	120	642,20	690

* Falls Werbungskosten, private Versicherungen, Vorsorgeaufwendungen und berufliche Fahrtkosten tatsächlich mehr als 100 Euro betragen und Sie mehr als 400 Euro Umsatz gemacht haben, können Sie die Ausgaben auch in tatsächlicher Höhe absetzen, siehe Fall 2 und 3.

... hauptsächlich Student

Zwischen Hörsaal und Hausarbeiten ein eigenes Unternehmen zu gründen, ist für manche Studenten eine fast unvorstellbare Doppelbelastung. Andere fühlen sich vom Studium unterfordert und brennen darauf, in der freien Zeit ihr eigenes Unternehmen aufzubauen. Sie gehören zu dieser Gruppe? Dann haben Sie einen Vorteil: In der Regel sind Sie in dieser Lebensphase noch nicht darauf angewiesen, von den selbstständigen Einkünften Ihren kompletten Lebensunterhalt zu decken. Sie können also vergleichsweise sorgenfrei testen, ob Ihre Idee markttauglich ist. Möglicherweise haben Sie noch keine eigene Familie, die versorgt sein möchte, und Ihr Lebensstandard ist noch nicht allzu hoch. Dazu kommt, dass Sie als Selbstständiger die Arbeitszeiten selbst bestimmen und daher vergleichsweise flexibel mit den Anforderungen der Uni kombinieren können.

Ein weiterer Vorteil für Sie ist, dass das Interesse der Hochschulen am Thema Existenzgründung in den vergangenen Jahren immens gestiegen ist. An fast jeder Universität gibt es Institutionen, die Studenten auf ihrem Weg in die Selbstständigkeit begleiten – oft mit kostenlosen Coachings und Seminaren. Sogar Vorlesungen gibt es immer mehr zum Thema, die Zahl der Gründungs- und Innovationslehrstühle steigt ständig. Alles gute Voraussetzungen, um den Schritt in die Selbstständigkeit zu wagen und die eigene Firma aufzubauen, mit der Sie sich im Idealfall nach Studienabschluss Ihren Arbeitsplatz schaffen. Wichtig: Als Student sollten Sie genau wissen, wie sich die selbstständige Tätigkeit auf Sozialversicherung, Kindergeld und Bafög auswirkt – denn überschreiten Sie gewisse Einkommensgrenzen auch nur geringfügig, können Sie an anderer Stelle viel Geld verlieren.

Was gilt für die Sozialversicherungen?

Krankenversichert zu sein ist für Sie als Student in der Regel nicht teuer – es geht in vielen Fällen sogar zum Nulltarif. Wenn Ihr Vater und/oder Ihre Mutter in der gesetzlichen Krankenkasse sind, können Sie in der Regel beitragsfrei bis zum 25. Geburtstag mitversichert sein. Haben Sie Wehr- oder Ersatzdienst geleistet, verlängert sich die Zeit entsprechend der Einsatzdauer. Wenn Sie sich neben dem Studium selbstständig machen, muss sich an diesem Status nichts ändern – es sei denn, Sie arbeiten oder verdienen zu viel. Folgende Grenzen sollten Sie deshalb kennen:

➜ Einkommensgrenze: Verdienen Sie als selbstständig oder angestellt arbeitender Student monatlich weniger als 385 Euro (oder auf Minijob-Basis 450 Euro), bleiben Sie in der Familienversicherung. Das Bafög zählt nicht zu Ihrem Einkommen, wenn Sie nicht mehr als 406 Euro verdienen. Sprich: Wenn Sie die Minijob-Grenze voll ausschöpfen und 450 Euro verdienen, wird ihr Bafög gekürzt.

- Wenn Sie mehr als 395 Euro verdienen, aber weniger als 20 Stunden wöchentlich in Ihre Selbstständigkeit investieren, diese also nachrangig nach dem Studium betreiben, müssen Sie der vergleichsweise günstigen studentischen Krankenversicherung beitreten. Der Beitrag hierfür ist bundesweit gleich, seit dem Sommersemester 2011 beträgt er 64,77 Euro Monat. Für die Pflegeversicherung müssen Sie zusätzlich bis zum 23. Geburtstag 12,24 Euro, später 13,74 Euro bezahlen. Der studentische Tarif gilt in der Regel bis zum Abschluss des 14. Semesters oder bis zur Vollendung des 30. Lebensjahres. Wenn Sie weiter studentisch versichert bleiben wollen, müssen Sie mit der Krankenkasse über Ausnahmeregelungen verhandeln.
- Zeitgrenze: Wenn Sie mehr als 20 Stunden pro Woche für Ihr Vorhaben aufwenden, so geht die Krankenkasse davon aus, dass die Selbstständigkeit – und nicht das Studium – Ihre Haupttätigkeit darstellt. In diesem Fall können Sie ebenfalls nicht in der Familienversicherung bleiben – im Zweifel entscheidet die Krankenkasse über Ihren Status. Machen Sie besser keine falschen Angaben über den zeitlichen Umfang Ihrer Arbeit, denn sonst besteht die Gefahr, dass die Krankenversicherung rückwirkend Beiträge von Ihnen fordert. Wenn Sie hauptberuflich selbstständig sind, haben Sie keinen Anspruch auf den studentischen Tarif der Krankenkasse – Sie müssen sich als Vollzahler privat oder freiwillig gesetzlich versichern. Als hauptberuflich selbstständig gelten Sie übrigens auch immer dann, wenn Sie sozialversicherungspflichtige Arbeitnehmer beschäftigen.

Gut zu wissen

ZURÜCK IN DIE FAMILIENVERSICHERUNG

Wenn Sie die Selbstständigkeit wieder aufgeben, können Sie während des Studiums wieder in die Familienversicherung Ihrer Eltern zurückkehren – sofern Sie jünger als 25 Jahre sind und auch mit anderen Jobs nicht mehr als 395 Euro beziehungsweise mit Minijobs nicht mehr als 450 Euro pro Monat verdienen.

Was passiert mit dem Kindergeld?

Der Staat zahlt für Sie als Student Kindergeld, bis Sie 25 Jahre alt sind. Haben Sie Wehr- oder Zivildienst geleistet, verlängert sich die Bezugsdauer entsprechend. 184 Euro gibt es, wenn Sie Einzelkind sind oder ein Geschwister haben, für Sie als drittes Kind gibt es 190 Euro, für Sie als viertes Kind sind es 215 Euro (Stand 2015). Seit 2012 scheitert der Anspruch auf Kindergeld nicht mehr daran, dass ein erwerbstätiger Student unter 25 Jahren zu viel verdient. Haben Sie allerdings bereits eine Berufsausbildung oder ein Erststudium abgeschlossen, werden Sie nur noch berücksichtigt, wenn Sie höchstens 20 Stunden pro Woche jobben oder einer geringfügigen Beschäftigung nachgehen.

Was ist beim Bafög zu beachten?

Wenn Sie Bafög bekommen, erwartet der Staat, dass Sie in kurzer Zeit und mit voller Arbeitskraft ein Vollstudium absolvieren: Immerhin bekommen Sie 50 Prozent des Geldes als Zuschuss, 50 Prozent als zinsloses Darlehen – mit 670 Euro eine großzügige Finanzspritze (Stand Wintersemester 2014/2015). Die Förderung ist meist auf die Regelstudienzeit begrenzt, Sie müssen sie Jahr für Jahr neu beantragen. Nebenher ein Unternehmen zu gründen ist wegen der hohen Anforderungen sicherlich nicht einfach. So müssen Sie spätestens zum Ende des vierten Semesters Ihre bisherigen Leistungen offenlegen, beispielsweise durch bestimmte Scheine oder durch ein Zwischendiplom oder -zeugnis. Darüber hinaus gibt es Einkommensgrenzen, die Sie nicht überschreiten dürfen, wenn Sie keine Bafög-Kürzung riskieren wollen: Sie dürfen im Bewilligungszeitraum, also in den zwölf Monaten ab Antragstellung, als Selbstständiger bis zu 3.880 Euro verdienen. Dieser Freibetrag kann sich erhöhen, wenn Sie verheiratet sind oder Kinder haben.

Grundsätzlich gilt: Je mehr Sie über diesen Freibetrag hinaus hinzuverdienen, desto weniger Bafög bekommen Sie. Wie viel Ihnen genau abgezogen wird, ist kompliziert zu berechnen. Auf jeden Fall können Sie als Student vom Gewinn 21,3 Prozent Sozialversicherungspauschale abziehen und erhalten so weitere 255 Euro als Freibetrag. Rechnen Sie Ihre eigene Einkommenssituation am besten mithilfe eines Bafög-Rechners durch (zum Beispiel unter www.bafoeg-rechner.de/Rechner/).

Sie müssen dem Bafög-Amt eine Schätzung Ihres Jahreseinkommens mitteilen; am Ende der Bewilligungszeit ermittelt das Amt dann endgültig, wie viel Sie nebenher verdient haben. Falls Ihre Geschäfte so gut gelaufen sind, dass Sie Gewinne jenseits der Einkommensgrenze erwirtschaftet haben, müssen Sie sofort Teile des Bafögs zurückzahlen.

Im Gespräch

MARCEL RASCH AUS ESSEN, JAHRGANG 1980, jobbte als Student in wichtigen Geschäftsbereichen unterschiedlicher Unternehmen, bevor er beschloss, sich gemeinsam mit seiner Kommilitonin Katharina Hedding selbstständig zu machen. Im Jahr 2006 bereiteten die beiden ihre Gründung vor, 2007 starteten sie ihr Unternehmen – einige Monate vor ihrem Studienabschluss. Inzwischen bestreiten sie ihren Lebensunterhalt mit „head at work.communication", einem Consulting-Unternehmen für interkulturelle Kommunikation, und heimsten mit ihrem Konzept sogar den „Coaching Award 2009" ein.

Wie kamen Sie auf die Idee, sich neben dem Studium selbstständig zu machen?
Meine Kommilitonin und ich hatten viel nebenher gejobbt – und kamen zu dem Schluss, dass wir nicht mehr nur für andere arbeiten, sondern unser eigenes Geschäft aufziehen wollten. Daraufhin haben wir eine Reihe von Existenzgründungs-Seminaren unserer Uni und der Agentur für Arbeit besucht, dabei unsere Geschäftsidee entwickelt und konkretisiert und den Businessplan geschrieben. Die Vorbereitung hat sich gelohnt: Die Coaches, aber auch Freunde und Familie haben unser Konzept kritisiert – und wir haben gelernt, es ständig zu verbessern, an den Markt anzupassen, und konnten uns von Beginn an gut aufstellen. So wagten wir nach einigen Monaten die Gründung.

War es schwierig, Studium und Selbstständigkeit unter einen Hut zu bekommen?

Es war schwierig, mich weiterhin fürs Studium zu interessieren. Wir hatten etwas aufgebaut, das sich ständig weiterentwickelte, darauf habe ich mich gestürzt – und ich musste mich sehr quälen, um noch Elan und Zeit in den Studienabschluss zu stecken. Ich machte mir einen Zeitplan und investierte schließlich drei Tage pro Woche in die Magisterarbeit und zwei Tage ins Unternehmen. Der Abschluss hat sich wegen der Gründung bestimmt um ein oder zwei Semester verzögert.

Hatten Sie bei der Gründung einen Nachteil dadurch, dass Sie beide Studenten waren?
Schade war sicherlich, dass wir als Studenten keine Möglichkeit hatten, den Gründungszuschuss zu bekommen. Und da wir wegen der Selbstständigkeit unsere Nebenjobs aufgegeben hatten, brauchten wir eine andere Geldquelle. Wir bekamen glücklicherweise recht schnell einen KfW-Kredit für unseren Lebensunterhalt und die Büroeinrichtung. Schwierig war auch, dass wir als junge Unternehmer potenziellen Kunden erst mit viel Geduld und Spucke klarmachen mussten, dass wir können, was wir anbieten. Doch nach einer Durststrecke überzeugten wir erste Kunden, die uns weiterempfahlen und so unser Geschäft ins Laufen brachten.

War es schwierig, einen Kredit zu bekommen?
Erstaunlicherweise überhaupt nicht. Wir wurden, nachdem wir unseren Businessplan fertig und vom Unternehmensberater abgenickt bekommen hatten, von diesem auch noch ausführlich und gut auf das Bankgespräch vorbereitet. Die Bank will natürlich nicht nur die Zahlen, Daten und Fakten sehen. Es geht auch darum, dass man authentisch ist und es wirklich ernst meint. Unsere Idee kam gut an, die Zahlen waren realistisch und wir konnten im Gespräch überzeugen. Da war es auch nicht wichtig, dass wir als Studenten über kein Eigenkapital verfügten und keine Sicherheiten stellen konnten. Ich kann mir allerdings vorstellen, dass dies nach Basel III schwieriger geworden ist. Die Kredithöhe belief sich auf 50.000 Euro. Beantragt wurde er bei der Hausbank, die dann das Risiko eines Ausfalls gemeinsam mit der KfW trägt.

... hauptsächlich Rentner

Vielleicht haben Sie schon lange eine Geschäftsidee im Kopf, kommen aber erst im Rentenalter dazu, sie auszutesten? Oder Sie machen sich selbstständig, um mit einem Zusatzverdienst Ihre Rente aufzubessern? Wenn Sie die Regelaltersgrenze erreicht haben, müssen Sie dabei im Grunde keine Besonderheiten beachten – Ihr Einkommen wird nicht auf die Rente angerechnet. Die Regelaltersgrenze ist derzeit kurz nach dem 65. Geburtstag erreicht. Von 2012 bis 2029 steigt sie schrittweise auf 67 Jahre für all diejenigen, die nach dem 31.12.1946 geboren sind. Sie müssen nicht einmal dem Rentenversicherungsträger melden, dass Sie nebenher arbeiten. Den Fiskus hingegen interessiert, was Sie verdienen: Wenn Sie mehr als 450 Euro Gewinn pro Monat erwirtschaften, müssen Sie Ihre Einkünfte versteuern.

Regeln für den Zuverdienst bei vorzeitiger Rente

Wenn Sie Frührentner und jünger als 65 Jahre alt sind, müssen Sie hingegen eine Verdienstgrenze einhalten, sofern Sie Ihre Rente weiterhin ungekürzt erhalten wollen: Sie dürfen derzeit monatlich nur 450 Euro Gewinn machen, ohne Rentenabzüge befürchten zu müssen. Diese Grenze darf zweimal im Jahr um das Doppelte überschritten werden, Sie dürfen also in zwei Monaten jeweils 900 Euro verdienen.

Wenn Sie mehr erwirtschaften, wird Ihre Rente geschmälert, möglicherweise sogar komplett gestrichen. Eine deutliche Kürzung droht Ihnen selbst dann, wenn der Nebenverdienst nur minimal über der Verdiensthöchstgrenze liegt. Das liegt daran, dass bei der Rentenberechnung der über dem Grenzwert liegende Verdienst nicht eins zu eins auf die Rente angerechnet wird. Vielmehr wird bei einem zu hohen Verdienst die Vollrente in eine Teilrente umgewandelt, das heißt, sie wird mindestens um ein Drittel reduziert. Je nach Höhe des Hinzuverdienstes erhalten Sie also nur mehr eine Teilrente in Höhe von zwei Dritteln, der Hälfte oder einem Drittel der Vollrente. Überschreiten Sie letztlich auch die Hinzuverdienstgrenze für die Ein-Drittel-Teilrente, erhalten Sie gar keine Rente mehr.

Beispiel

ZU HOHE EINKÜNFTE ALS FRÜHRENTNERIN

Carolina G., mit 58 Jahren seit zwei Jahren Frührentnerin, verdient monatlich 460 Euro. Sie liegt damit über der Hinzuverdienstgrenze für ihre Vollrente, daher wird ihr diese nur als Teilrente ausgezahlt.

Die konkreten Hinzuverdienstgrenzen für Teilrenten müssen – abgesehen von der 450-Euro-Grenze – individuell für jeden Rentner berechnet werden. Sie richten sich unter anderem nach dem rentenversicherten Verdienst in den letzten drei Jahren vor Beginn der Rente und danach, ob man in den alten oder neuen Bundesländern lebt. Lassen Sie sich vor Beginn Ihrer Selbstständigkeit von der Rentenversicherung Ihre Verdienstgrenzen berechnen. Die Beratungsstellen der Deutschen Rentenversicherung erreichen Sie kostenlos unter 0800/10004800. Erst anhand der Daten können Sie durchrechnen, ob es sich lohnt, die Selbstständigkeit in vollem Umfang auszuüben, oder ob Sie besser die 450-Euro-Grenze einhalten. In jedem Fall müssen Sie als Frührentner Ihren Rentenversicherungsträger über eine Nebentätigkeit informieren.

Wenn Sie nach dem monatelangen Bezug einer Teilrente weniger verdienen und sich unterhalb der Zuverdienstgrenze bewegen, können Sie innerhalb von drei Monaten beantragen, dass Ihnen wieder die höhere Teilrente beziehungsweise Vollrente ausgezahlt wird. Sie erhalten den entsprechenden Betrag rückwirkend in voller Höhe überwiesen.

Gut zu wissen

IN PLANUNG: HÖHERE ZUVERDIENSTGRENZEN

Schon lange plant die Politik einen Gesetzesentwurf über eine Erhöhung der Hinzuverdienstgrenzen für 63- bis 65-jährige Frührentner. Sie sollen dann deutlich mehr als 450 Euro anrechnungsfrei dazuverdienen können – und zwar so viel, dass sie inklusive der Rentenzahlung auf ihr höchstes Jahresbruttogehalt der letzten 15 Jahre kommen. Demnach dürfte eine 64-jährige Rentnerin, die bis zu 2.600 Euro brutto verdiente und eine Vollrente von 1.100 Euro beanspruchen kann, in Zukunft bei Bezug einer Halbteilrente in Höhe von 550 Euro bis zu 2050 Euro zusätzlich erwirtschaften, ohne dass es zu einer Rentenkürzung kommt.

Grenzen bei der Erwerbsminderungs- oder der Erwerbsunfähigkeitsrente

Auch wenn Sie eine Erwerbsminderungs- oder Erwerbsunfähigkeitsrente beziehen, müssen Sie Zuverdienstgrenzen beachten. Bei einer vollen Erwerbsminderung gilt ebenfalls die 450-Euro-Grenze, die wie bei der vorgezogenen Altersrente zweimal im Jahr bis 900 Euro überschritten werden darf. Bei einer teilweisen Erwerbsminderung dürfen Sie mehr verdienen, der Rentenversicherungsträger muss Ihre Hinzuverdienstgrenze aufgrund Ihres Rentenversicherungsverlaufs individuell berechnen. Vorsicht: Wenn Sie allzu viel dazuverdienen und mehr als 15 Stunden pro Woche arbeiten, könnte es ein, dass Ihre Rente wegfällt – denn dann ist anzunehmen, dass Sie wieder arbeiten können.

Kapitel 5

Fördermöglichkeiten für Unternehmer mit weniger als 40 Stunden Zeitbudget

Viele Förderungen für Unternehmer stehen auch Teilzeit-Selbstständigen offen – wenn auch nicht alle. Man muss nicht 40 Stunden pro Woche selbstständig tätig sein, um „hauptberuflich selbstständig" zu sein und somit Gründungszuschuss erhalten zu können. Andere Förderungen sind sogar bei deutlich geringerer Stundenzahl möglich. Was dabei zu beachten ist, erklären wir Ihnen in diesem Kapitel.

Wann besteht Anspruch auf Gründungszuschuss?

Der Gründungszuschuss ist die mit Abstand wichtigste Förderung für Selbstständige in Deutschland. Sie erhalten sechs Monate lang das Arbeitslosengeld I zuzüglich einer Pauschale in Höhe von 300 Euro als steuerfreie und nicht rückzahlbare Förderung. Die Pauschale ist als Beitrag zur Deckung Ihrer Sozialversicherungskosten gedacht, Sie erhalten sie nach Auslaufen der Grundförderung noch weitere neun Monate lang. Während der insgesamt 15-monatigen Förderung dürfen Sie, wenn der Zuschuss erst einmal bewilligt ist, beliebig viel Gewinn erzielen, ohne dass Ihr Verdienst auf den Gründungszuschuss angerechnet wird.

Tipp

LASSEN SIE SICH NICHT VERUNSICHERN

Seitdem die Regierung Anfang 2012 Kürzungen beim Gründungszuschuss vorgenommen hat, herrscht große Verunsicherung. Um ihre Sparvorgaben auf möglichst einfache und arbeitssparende Weise zu erreichen, versuchen Mitarbeiter von Arbeitsagenturen, Anspruchsberechtigte von einer Antragstellung abzuhalten – nicht selten mit falschen Auskünften nach dem Motto: „In Ihrem speziellen Fall haben Sie keine Chance auf Förderung, verzichten Sie darauf, einen Antrag zu stellen."

Es gilt aber: Wer sich nicht verunsichern lässt und einen guten Businessplan vorlegt, wird die Förderung in aller Regel erhalten. Das gilt ganz besonders für Teilzeit-Selbstständige, die oft nur schwer entsprechend ihrer Qualifikation vermittelbar sind. In kostenlosen Webinaren klären wir Gründungswillige über die tatsächlichen Fakten auf, geben Infos zur aktuellen Situation und Tipps zur Vorgehensweise. Je früher Sie sich unabhängig informieren, umso besser. Weitere Infos finden Sie unter www.jeder-ist-unternehmer.de.

Wer zuvor – in der Regel als Angestellter – Beiträge in die Arbeitslosenversicherung eingezahlt und somit Anspruch auf Arbeitslosengeld I hat, erfüllt damit eine wichtige Voraussetzung für den Gründungszuschuss. Allerdings wird verlangt, dass er sich hauptberuflich selbstständig macht. Dies scheint eine Förderung von Teilzeit-Selbstständigen auf den ersten Blick auszuschließen. Doch es kommt auch hier auf den genauen Umfang der selbstständigen Tätigkeit an.

Die Arbeitsagenturen gehen von einer hauptberuflichen Selbstständigkeit aus, wenn die beiden folgenden Bedingungen erfüllt sind:

- Die selbstständige Tätigkeit (inklusive Akquise, Vor- und Nachbereitung) umfasst regelmäßig mindestens 15 Stunden pro Woche.
- Der zeitliche Aufwand für die selbstständige Tätigkeit überwiegt den für eine eventuelle nichtselbstständige Tätigkeit.

Nichtselbstständige Tätigkeiten während des Bezugs von Gründungszuschuss müssen der Arbeitsagentur gemeldet werden, sie werden je nach Agentur unterschiedlich beurteilt. Manche Agenturen sind großzügiger, andere strenger. Ein ergänzender 450-Euro-Job neben der Selbstständigkeit wird in der Regel problemlos akzeptiert. Holen Sie aber unbedingt zuerst die Erlaubnis der Agentur ein, bevor Sie eine solche Tätigkeit aufnehmen, damit Sie Ihren Gründungszuschuss nicht gefährden. Vorsicht ist auch geboten, wenn Sie eine zeitaufwändige Ausbildung oder gar ein Studium aufnehmen. Der zeitliche Umfang darf keinesfalls den der selbstständigen Tätigkeit überwiegen und sollte in der Regel unter 15 Stunden pro Woche bleiben. Auch hier gilt: besser vorab nachfragen und die Zustimmung der Arbeitsagentur einholen.

Recht unproblematisch ist dagegen unter Fördergesichtspunkten die Kombination aus Familienarbeit und Selbstständigkeit. Mütter und Väter, die sich neben der Kinderbetreuung selbstständig machen, arbeiten typischerweise zunächst zwischen vier und sechs Stunden täglich, also zum Beispiel von 10.00 bis 14.00 oder 9.00 bis 15.00 Uhr. Sie kommen auf 20 bis 30 Stunden pro Woche und liegen damit deutlich über der Untergrenze von 15 Wochenstunden und knapp unterhalb der Obergrenze von 30 Stunden, die für den Bezug von Elterngeld eingehalten werden sollte. Wird ein Kind krank oder während der Ferienzeit, können Sie Ihre Arbeitszeit zeitweilig auch etwas verringern. Sie sind in Teilzeit, aber zugleich hauptberuflich selbstständig!

Vorausgesetzt: Anspruch auf Arbeitslosengeld I

Um den Gründungszuschuss zu erhalten, müssen Sie zum Zeitpunkt der Gründung Anspruch auf Arbeitslosengeld I haben: Das ist der Fall, wenn Sie innerhalb der letzten 24 Monate vor Beginn der Arbeitslosigkeit mindestens zwölf Monate Beiträge bezahlt haben. Wenn Sie in den letzten fünf Jahren mindestens zwölf (16, 20, 24) Monate Beiträge geleistet haben, beträgt Ihre Anspruchsdauer sechs (acht, zehn, zwölf) Monate. Wenn Sie 50 Jahre oder älter sind, kann sich Ihr Anspruch abhängig von den Beitragszeiten sogar über bis zu 24 Monate erstrecken. Je mehr Sie in den letzten zwölf Monaten vor Beginn der Arbeitslosigkeit verdient haben und je höher damit Ihre Beiträge für die Arbeitslosenversicherung waren, umso höher fällt der Arbeitslosengeld-I- und somit der Gründungszuschuss-Anspruch aus. Haben Sie im letzten Jahr vor der Arbeitslosigkeit nicht mindestens 150 Tage in die Arbeitslosenversicherung einbezahlt, zieht die Arbeitsagentur Ihre Beiträge aus den letzten zwei Jahren zur Bemessung des Arbeitslosengeldes heran. Wurden auch in diesem Zeitraum nicht mindestens 150 Beitragstage erreicht, wird das Arbeitslosengeld fiktiv bemessen – je nach formaler Qualifikation, sprich dem höchsten erreichten Bildungsabschluss. Beispiele hierzu finden Sie auf Seite 125.

Tipp

ANTRAG AUF VERLÄNGERUNG DES BEMESSUNGSZEITRAUMS

Bei der fiktiven Berechnung werden die Zeiten nicht berücksichtigt, in denen Sie Eltern- oder Erziehungsgeld bezogen oder ein Kind unter drei Jahren betreut und deshalb weniger verdient haben. Eine ähnliche Regelung greift auch, wenn sich Ihr Einkommen verringert hat, weil Sie eine Teilzeittätigkeit aufgenommen oder eine schlechter bezahlte Stelle angenommen haben. Besprechen Sie in solchen Fällen mit Ihrem Berater bei der Arbeitsagentur, ob es sich lohnen würde, eine Verlängerung des Bemessungszeitraums zu beantragen. Vielleicht haben Sie aber auch gar kein Interesse daran, weil Sie mit der fiktiven Bemessung des Arbeitslosengeldes besser dastehen würden.

Wenn Sie selbst ohne wichtigen Grund Ihren Arbeitsplatz kündigen oder einen Aufhebungsvertrag abschließen, gilt für Sie eine Sperrzeit von in der Regel drei Monaten. Als wichtiger Grund zählt etwa der Umzug Ihres Ehepartners oder Krankheit, beispielsweise verursacht durch Mobbing. Auch der Abschluss eines Aufhebungs- oder Abwicklungsvertrags, um einer rechtmäßigen Kündigung durch den Arbeitgeber zuvorzukommen, sofern die Abfindung in einem hierfür üblichen Rahmen liegt, fällt darunter. Während der Sperrzeit bekommen Sie kein Arbeitslosengeld, zudem verkürzt sich Ihr Anspruch auf Arbeitslosengeld entsprechend. Sie können sich ab dem zweiten Tag der Sperrzeit selbstständig machen und erhalten den Gründungszuschuss – sofern bewilligt – trotzdem in voller Höhe, allerdings zeitlich verzögert, nachdem die Sperrzeit abgelaufen ist.

Besonderheiten bei Haus-/Familienarbeit

Mütter und Väter haben in Bezug auf den Arbeitslosengeld-I-Anspruch einen weiteren Vorteil: Sofern sie unmittelbar vor der Geburt sozialversicherungspflichtig beschäftigt waren oder Arbeitslosengeld I bezogen haben, gilt die Erziehung des Kindes bis zum Ende seines dritten Lebensjahres als Beitragszeit. So ist ihnen die Anwartschaftszeit für das Arbeitslosengeld I sicher, sodass die Anspruchsgrundlage für den Gründungszuschuss gegeben ist.

Gründungszuschuss können Sie auch dann bekommen, wenn Sie einen Restanspruch auf Arbeitslosengeld I haben, der vor nicht mehr als vier Jahren entstanden ist und nicht ausgeschöpft wurde. Das gilt zum Beispiel, wenn Sie die Arbeitslosigkeit beendet haben, um häusliche Aufgaben zu übernehmen, und während dieser Phase keine Beiträge gezahlt, aber auch keine Leistungen bezogen haben.

Wenn Sie Angehörige pflegen und unmittelbar zuvor beitragspflichtig beschäftigt oder arbeitslos waren, können Sie auch freiwillig in die Arbeitslosenversicherung einzahlen und so Ihren Anspruch auf Arbeitslosengeld I aufbauen oder erhalten, etwa weil Sie später eine geförderte Gründung planen.

Wie Sie den Gründungszuschuss bekommen

Zum Zeitpunkt der hauptberuflichen Gründung müssen Sie mindestens einen Tag arbeitslos gewesen sein und mindestens für 150 Tage einen Restanspruch auf Arbeitslosengeld I haben. Achten Sie auf die Einhaltung dieser Fristen, denn danach besteht keinerlei Anspruch auf Gründungszuschuss mehr. Um den Gründungszuschuss auch tatsächlich zu erhalten, müssen Sie Folgendes tun:

- Holen Sie unbedingt vor der Gründung den Antrag auf Gründungszuschuss bei der Arbeitsagentur ab.
- Das Schreiben und Rechnen des Businessplans dürfte im weiteren Verlauf den größten Anteil an den Vorbereitungen ausmachen.
- Legen Sie Ihren Businessplan einer fachkundigen Stelle vor, also einem Existenzgründungsberater. Er erteilt die fachkundige Stellungnahme, nachdem Sie eventuell notwendige Änderungen eingearbeitet haben.
- Melden Sie Ihre Selbstständigkeit beim Finanzamt an, bei gewerblichen Gründungen auch beim Gewerbeamt.
- Reichen Sie dann alle Antragsunterlagen bei der Arbeitsagentur ein.

Im Businessplan müssen Sie nachweisen, dass Sie mittelfristig mit dem Gewinn aus Ihrem Unternehmen Ihre Lebenshaltungskosten decken können. Wenn Sie einen Partner oder eine Familie haben und den Großteil der Haus- oder Familienarbeit leisten, ist es legitim, wenn Sie zum gemeinsamen Lebensunterhalt nur einen kleineren Teil beitragen. Dann können Sie die Schwelle für die Tragfähigkeit Ihrer Selbstständigkeit entsprechend niedriger ansetzen.

Tipp

UNTERSTÜTZUNG BEI DER ANTRAGSTELLUNG

Gerne unterstützen wir Sie beim Schreiben des Businessplans oder prüfen ihn als fachkundige Stelle. Oder besuchen Sie eines unserer staatlich geförderten Businessplan-Gruppencoachings. Sie bekommen ein Businessplan-Template, das Ihnen beim Schreiben des Businessplans hilft. Im Gruppencoaching feilen Sie in einer kleinen Gruppe zusammen mit einem erfahrenen Berater am Text- und Zahlenteil des Businessplans. Im Preis von rund 150 Euro sind eine Einzelberatung sowie die fachkundige Stellungnahme eingeschlossen. Weitere Infos finden Sie unter www.jeder-ist-unternehmer.de/bplan_gruppencoaching.

Wenn Sie Ihre Einnahmen und Lebenshaltungskosten im Zahlenteil Ihres Businessplans gegenüberstellen, denken Sie daran, dass eine mit Gründungszuschuss geförderte Selbstständigkeit immer hauptberuflich im Sinne der gesetzlichen Krankenversicherung sein muss. Sie hat also einen Umfang, der Sie zur eigenständigen Zahlung von Sozialversicherungsbeiträgen verpflichtet.

Wer kann Einstiegsgeld beantragen?

Sie haben es im letzten Kapitel schon gelesen: Neben dem Arbeitslosengeld-II-Bezug können Sie sich selbstständig oder nichtselbstständig betätigen – auch wenn Sie mehr als 15 Stunden pro Woche arbeiten, besteht Ihr Anspruch auf Arbeitslosengeld II grundsätzlich weiter. Ihre Erwerbstätigkeit sollte beim Fallmanager auf offene Ohren stoßen, denn der Hinzuverdienst wird zum großen Teil mit Ihren Leistungsansprüchen verrechnet, sodass der Staat schnell Einsparungen erzielt. Deshalb kann Gründern aus dem Arbeitslosengeld-II-Bezug als zusätzlicher Anreiz das Einstiegsgeld angeboten werden. Auch wenn Sie sich in Teilzeit selbstständig machen wollen, wird Ihr Fallmanager – abhängig von Ihren anderen Verpflichtungen – eine gewisse Mindestarbeitszeit erwarten und eine durchdachte Geschäftsidee. Denn nur dann besteht mittelfristig die Chance, dass Sie Ihre Hilfebedürftigkeit überwinden können. Hat er dagegen den Eindruck, dass Sie durch Annahme einer anderen, sozialversicherungspflichtigen Tätigkeit schneller aus dem Arbeitslosengeld-II-Bezug herauskommen, wird er eine selbstständige Nebentätigkeit nicht oder nur zaghaft unterstützen.

Das Einstiegsgeld beträgt 50 Prozent der Regelleistung, das sind 200 Euro. Zusammen mit der Regelleistung von 399 Euro erhält ein geförderter Alleinstehender demnach 599 Euro zusätzlich zu Miete und Heizkosten und eventuellen weiteren Zuschüssen. Wie viel Einstiegsgeld gezahlt wird, hängt zudem davon ab, wie groß die Bedarfsgemeinschaft ist: Für jedes zusätzliche Mitglied erhöht es sich um weitere zehn Prozent der Regelleistung, das sind jeweils 39,90 Euro. Die Förderung kann auch etwas höher angesetzt werden, wenn es besonders schwierig ist, für den gründungswilligen Arbeitslosen einen neuen Arbeitsplatz zu finden, oder wenn er schon recht lange arbeitslos ist. Der Zuschuss soll aber insgesamt nicht mehr als 100 Prozent der Regelleistung ausmachen.

Die Förderung darf maximal für zwei Jahre vergeben werden, allerdings soll nach einem Jahr eine „Zuschussdegression" stattfinden, das heißt, die Förderung wird gekürzt. Die zuständigen Stellen legen in der Praxis jedoch ohnehin häufig kürzere Förderzeiten fest. Außerdem wird das Einstiegsgeld immer nur für gewisse Zeitabschnitte, in der Regel für die Dauer von sechs Monaten, bewilligt.

Das Einstiegsgeld ist natürlich viel weniger attraktiv als der Gründungszuschuss, einfach weil Sie weniger Geld bekommen. Außerdem werden selbstständige Hinzuverdienste, wie bereits dargestellt, zu einem großen Teil mit dem Arbeitslosengeld-II-Anspruch verrechnet.

Auf das Einstiegsgeld besteht kein Rechtsanspruch. Der zuständige Fallmanager kann es bewilligen, er muss es aber nicht. Verliert er den Glauben daran, dass Sie die Hilfebedürftigkeit mit der Selbstständigkeit bald überwinden, kann er von Ihnen sogar verlangen, dass Sie die Selbstständigkeit wieder aufgeben und sich eine Arbeit als Angestellter suchen.

Für Arbeitslosengeld II und Einstiegsgeld fallen keine Steuern an. Sie müssen beides nicht zurückzahlen, es sei denn, das Einstiegsgeld wurde nur als Darlehen vergeben. Falls Ihre Gründung nicht erfolgreich ist, können Sie die Selbstständigkeit jederzeit wieder beenden. Das Einstiegsgeld entfällt dann. Sie kehren in den normalen Arbeitslosengeld-II-Bezug zurück und müssen versuchen – unterstützt von Ihrem Fallmanager–, eine Arbeitsstelle zu finden.

Wer bekommt Förderung für Beratung?

Gründer und Selbstständige, die sich beraten lassen, sind deutlich erfolgreicher, das gilt auch für Teilzeit-Selbstständige. Deshalb beteiligt sich der Staat an den Kosten für Unternehmensberatung vor und nach der Gründung.

Das bekannteste Beratungsförderungsprogramm für die Zeit nach der Gründung ist das Gründercoaching Deutschland (GCD). Bei Antragstellung bis zu fünf Jahre nach Gründung übernimmt es aktuell 50 Prozent der Beratungskosten, in den neue Bundesländern (ohne Berlin) sogar 75 Prozent. Auch andere Förderprogramme (siehe unten) übernehmen nach der Gründung typischerweise 50 Prozent der Beratungskosten. Teilweise sind sie etwas aufwändiger, was die Antragstellung angeht, dafür sind sie für Teilzeit-Selbstständige aber leichter zugänglich.

Ebenfalls typisch für solche Programme: Sie dürfen als Kunde nicht selbst einem wirtschaftsberatenden Beruf wie Unternehmensberater, Steuerberater oder Wirtschaftsprüfer nachgehen. Außerdem darf Ihr Unternehmen kein Sanierungsfall sein und sich nicht in finanziellen Schwierigkeiten befinden. Übrigens werden sowohl Gewerbetreibende als auch Freiberufler mit dem GCD gefördert.

Tipp

KOSTENLOSER RÜCKRUFSERVICE

Die Beratungsförderungs-Programme befinden sich in einem ständigen Wandel. Für Gründer, die an einer geförderten Beratung interessiert sind, bieten wir einen kostenlosen Rückrufservice unter www.jeder-ist-unternehmer.de/rueckruf an. Wir sagen Ihnen, welche Förderprogramme vor und nach der Gründung je nach Region und Bundesland die für Sie günstigsten sind. Außerdem besprechen wir mit Ihnen, welche Inhalte und welcher Beratungsumfang für Sie sinnvoll sind, und empfehlen von uns geprüfte Berater in Ihrer Nähe.

Auch wenn Ihr Unternehmen mindestens ein Jahr am Markt ist, Sie aber nur nebenberuflich selbstständig sind, ist eine Beratungsförderung in Höhe von 50 Prozent möglich, nämlich mit der sogenannten BAFA-Förderung. BAFA ist die Abkürzung für das Bundesamt für Wirtschaft und Ausfuhrkontrolle, das die Förderung im Auftrag des Bundeswirtschaftsministeriums vergibt. Die

Modalitäten sind anders als beim GCD: Sie müssen die Kosten für die Beratung zunächst in voller Höhe selbst tragen. Den Antrag auf Förderung können Sie stellen, sobald die Beratung abgeschlossen ist.

Nebenberufliche Teilzeit-Selbstständige, die eine hauptberufliche Gründung planen, können zudem von einem Vorgründungscoaching profitieren. Viele Bundesländer bieten derartige Programme an und übernehmen 50 bis 90 Prozent der Kosten. Die genauen Bedingungen unterscheiden sich von Bundesland zu Bundesland, auch hierüber informieren wir Sie gerne detailliert im Rahmen unseres Rückrufangebots.

Bei allen Arten von Beratungsförderung handelt es sich grundsätzlich um Kann-Leistungen, auf die kein Rechtsanspruch besteht. Die Förderung erfolgt zudem nur im Rahmen der hierfür eingeplanten Mittel. Wenn Sie Ihren Antrag erst gegen Jahresende stellen, ist der Fördertopf möglicherweise schon leer, insbesondere bei Vorgründungs-Coachingprogrammen. Bedenken Sie auch, dass von der Antragstellung bis zur Bewilligung meist mehrere Wochen vergehen und die Beratung teilweise erst beginnen darf, wenn die Förderung genehmigt wurde. Stellen Sie Ihren Antrag also frühzeitig! Liegt die Bewilligung erst einmal vor, ist Ihnen der Zuschuss sicher. Beim Gründercoaching Deutschland haben Sie dann fast zwölf Monate Zeit, um die Beratung in Anspruch zu nehmen. Andere geförderte Beratungen müssen in dem Kalenderjahr abgeschlossen werden, in dem der Antrag bewilligt wurde.

Sind auch geförderte Kredite zu haben?

Obwohl Sie nur in Teilzeit gründen, brauchen Sie von Anfang an einen deutlich höheren Geldbetrag? Dann schauen Sie sich die Kreditangebote der KfW und der Landesförderbanken an. Sie vergeben Kredite über die Hausbanken, also zum Beispiel Sparkassen und Genossenschaftsbanken. Bei erfolgreicher Kreditvergabe erhalten diese eine Bearbeitungsgebühr von der Förderbank, die zudem einen großen Teil des Ausfallrisikos (typischerweise 80 Prozent) übernimmt. Dennoch sind die Banken in der Regel nur bei besonders gut berechenbaren Geschäftsmodellen und substanziellen Sicherheiten bereit, die Finanzierung durchzuführen.

Die Chancen auf einen Kredit stehen für Teilzeit-Selbstständige zumindest beim Wechsel zu einer hauptberuflichen Selbstständigkeit nicht schlecht, denn sie haben im Rahmen ihrer Selbstständigkeit oft schon gezeigt, dass ihr Geschäftsmodell funktioniert, und verfügen über eine Historie. Nicht selten können sie einen Kredit außerdem mit dem zusätzlichen Einkommen des Partners oder aus einer hauptberuflichen nichtselbstständigen Tätigkeit absichern.

Kapitel 6

Endlich durchstarten: Loslegen leicht gemacht

Bevor Sie Ihre erste Rechnung stellen können, müssen Sie Ihr Unternehmen beim Finanz- und gegebenenfalls auch beim Gewerbeamt anmelden. Dazu müssen Sie den Firmennamen und die Rechtsform wählen, entscheiden, ob Sie gewerblich oder freiberuflich tätig sind, und festlegen, ob Sie das Kleinunternehmerprivileg nutzen wollen. Am besten schreiben Sie einen kurzen Businessplan, in dem Sie diese und weitere Fragen beantworten. Was dabei wichtig ist, erfahren Sie in diesem Kapitel.

Welche Rechtsform kommt infrage?

Wer sich in Teilzeit selbstständig macht, wählt normalerweise keine spezielle Rechtsform und wird so automatisch zum Einzelunternehmer. 70 Prozent der Unternehmen in Deutschland sind Einzelunternehmen, bei Teilzeit-Selbstständigen liegt der Anteil sogar bei 85 Prozent.

Beim Einzelunternehmen sind Privat- und Unternehmenssphäre nicht streng getrennt wie etwa bei einer GmbH, sondern hängen eng zusammen: Vor- und Zuname des Gründers bilden automatisch die Firma, also den Namen des Unternehmens. Das Führen eines davon unabhängigen Fantasienamens ist nur eingeschränkt möglich (hierzu erfahren Sie im folgenden Absatz mehr).

Einzelunternehmer haften unbegrenzt für eingegangene Verpflichtungen, so als hätten sie dafür als Privatperson unterschrieben. Das Unternehmen verfügt über kein eigenes Vermögen, deshalb ist es auch nicht vorgeschrieben, dass ein Einzelunternehmer sein privates und sein geschäftliches Geld über zwei verschiedene Konten abwickelt. Wir wollen Ihnen diese Trennung aber unbedingt empfehlen. Da das Unternehmen kein eigenes Vermögen hält, ist (zumindest innerhalb bestimmter Betragsgrenzen) auch keine Bilanzierung, also die Gegenüberstellung von Vermögen und Schulden des Unternehmens, nötig. Der zu versteuernde Gewinn wird per Einnahmen-Überschuss-Rechnung ermittelt, das heißt, die Betriebsausgaben werden von den Betriebseinnahmen abgezogen.

Und wenn man nicht alleine gründet?

Wie der Begriff „Einzelunternehmen“ schon deutlich macht, lässt sich damit die selbstständige Tätigkeit einer einzelnen natürlichen Person regeln. Das Gegenstück hierzu ist bei Gründungen von zwei und mehr Personen die GbR, die Gesellschaft bürgerlichen Rechts. Sie ist die zweithäufigste Rechtsform, wenn auch mit gewaltigem Abstand: Nur sieben Prozent, also jeder vierzehnte Teilzeit-Selbstständige wählt sie.

Der Firmenname setzt sich aus den Namen der Gesellschafter und dem Zusatz „GbR“ zusammen. Eine GbR entsteht bereits durch gemeinsame unternehmerische Aktivitäten, also auch dann, wenn Sie zum Beispiel mit einer anderen Person ein Büro anmieten. Ein schriftlicher Gesellschaftsvertrag, der die Beschlussfassung, die Vertretung nach außen, die Aufgabenteilung und die Arbeitszeiten sowie die Gewinnverteilung regelt, ist empfehlenswert, aber keineswegs vorgeschrieben. Die Gesellschafter haften ähnlich wie bei einem Einzelunternehmen unbeschränkt, jeder für sich in voller Höhe der gemeinsam eingegangenen Verbindlichkeiten. Wenn Ihr Partner die Büromiete nicht mehr bezahlen kann, haften Sie also für die gesamte Miete. Sie können den Anteil vom anderen lediglich im Innenverhältnis zurückfordern.

Sowohl Gewerbetreibende als auch Freiberufler können als Einzelunternehmen oder GbR auftreten. Gewerbesteuer fällt bei diesen Rechtsformen nur auf den Gewinn an, der den (gemeinsamen) Freibetrag von 24.500 Euro übersteigt. Wenn Sie übrigens ein Einzelunternehmen und eine GbR parallel betreiben, profitieren beide Unternehmen jeweils von dem Freibetrag.

Mit begrenzter Haftung gründen

Eine Alternative zu Einzelunternehmen und GbR ist die Ende 2008 eingeführte Unternehmergesellschaft beziehungsweise UG, die immer mit dem Zusatz „haftungsbeschränkt" zu versehen ist. Dabei handelt es sich um die kleinere Schwester der GmbH, sie wird deshalb häufig auch als Mini-GmbH bezeichnet. Wenn Sie sich dafür entscheiden, stellt die Unternehmergesellschaft oder die GmbH eine eigene, von Ihnen getrennte juristische Person mit eigenem Vermögen und unabhängig zu wählendem Namen dar. UG (haftungsbeschränkt) und GmbH eignen sich als Rechtsform für Einzelpersonen ebenso wie für Teamgründungen.

Die Haftung bei diesen Rechtsformen ist auf die Stammeinlage begrenzt. Während sie bei einer GmbH mindestens 25.000 Euro betragen muss, wovon direkt bei der Gründung 12.500 Euro einzuzahlen sind, kann bei der UG (haftungsbeschränkt) ein niedrigerer Betrag gewählt werden. Im Extremfall reicht ein einziger Euro als Einlage und damit als Haftkapital aus. Damit die Unternehmergesellschaft nicht gleich durch die erste Ausgabe in Insolvenz gerät, sollte die Einlage allerdings so hoch sein, dass sich damit die Anlaufverluste abdecken lassen. Hinzu kommt, dass eine UG bei ihren Kunden und Lieferanten sicher mehr Ansehen genießt, wenn sie ein solides Stammkapital aufweist. Ohnehin muss ein Viertel des von der UG erzielten Gewinns zur Stärkung des Gesellschaftskapitals einbehalten werden, bis das Mindestkapital einer GmbH, also 25.000 Euro, beisammen ist. In diesem Sinne handelt es sich bei der UG um eine „Anspar-GmbH".

Neben der beschränkten Haftung ein nicht zu unterschätzender Vorteil: Die Tätigkeiten einer UG oder GmbH gelten qua Gesetz nicht als scheinselbstständig. Damit sind Sie selbst und auch Ihre Auftraggeber vor eventuellen Beitragsnachzahlungen geschützt, die sich sonst ergeben können, sollte dieser Status festgestellt werden.

UGs und GmbHs gelten grundsätzlich als gewerblich. Bereits mit dem ersten Euro Gewinn wird Gewerbesteuer fällig, der Freibetrag wie bei der GbR oder dem Einzelunternehmen von 24.500 Euro gilt hier nicht. Freiberufler sollten deshalb eher bei diesen oder ihnen verwandten Rechtsformen wie der Partnergesellschaft bleiben. Gewerbetreibende, die sich Geschäftsführergehälter (gewerbesteuerfrei) von deutlich über 24.500 Euro pro Jahr auszahlen können, fahren mit UG und GmbH dagegen besser, zumindest was die Steuerbelastung angeht.

UG und GmbH sind allerdings mit deutlich höheren Kosten verbunden: Die Gründung muss beim Notar erfolgen, Buchhaltung und Jahresabschluss sind aufgrund der Bilanzierungspflicht bei GmbHs und UGs deutlich aufwändiger. Dadurch fallen um ein Vielfaches höhere laufende Steuerberatungskosten an als bei einer Personengesellschaft.

Sie als Teilzeit-Selbstständiger werden höchstwahrscheinlich erst einmal ein Einzelunternehmen oder eine GbR gründen. Deshalb werden wir schwerpunktmäßig von dieser Wahl der Rechtsform ausgehen, wenn wir im Folgenden über Namenswahl, Anmeldeformalitäten, Buchhaltung und Steuern informieren.

Was ist bei der Namenswahl zu beachten?

„Firmenname" ist eigentlich doppelt gemoppelt, denn Firma und Name sind dasselbe. „Die Firma eines Kaufmanns ist der Name, unter dem er seine Geschäfte betreibt und die Unterschrift abgibt", heißt es dazu in § 17 Handelsgesetzbuch. Ihre Geschäftspartner sollen schon am Namen erkennen, mit wem genau sie es zu tun haben und wie die Haftungsverhältnisse aussehen. Außerdem darf keine Verwechslungsgefahr mit vorhandenen Unternehmen bestehen.

Sie dürfen keinen falschen Eindruck erwecken, insbesondere was Rechtsform und Größe Ihres Unternehmens betrifft. Als Einzelunternehmer sollten Sie sich zum Beispiel nicht als „Geschäftsführer" bezeichnen, denn damit erwecken Sie den Eindruck, Sie würden eine Unternehmergesellschaft oder GmbH vertreten. Vorsicht auch bei Städte- und Ländernamen im Firmennamen sowie Begriffen wie AG, Gesellschaft oder Partner.

Wie bereits erwähnt, müssen Sie als Einzelunternehmer mit Vor- und Zunamen auftreten, wobei mindestens ein Vorname ausgeschrieben sein muss. Zusätzlich dürfen Sie eine „Geschäfts- oder Etablissementbezeichnung" führen, die Fantasiebezeichnungen und/oder Buchstabenkürzel enthalten darf. Beispiele: Büroservice Beate Bongartz, Büroblitz Beate Bongartz, BSB Beate Bongartz. Es ist üblich, den Namenszusatz auf dem Briefpapier durch ein Logo oder durch spezielle typografische Gestaltung hervorzuheben. Ihr Vor- und Zuname müssen dann aber gleich darauf deutlich lesbar folgen. Größere Freiheiten bestehen am Telefon – Sie dürfen sich nur mit dem Namenszusatz melden („Karlsapotheke, hallo?") – sowie bei Werbedrucksachen (nicht an bestimmte Empfänger gerichtet) und im Rahmen einer bestehenden Geschäftsbeziehung. Analog verhält es sich bei GbRs. Sie müssen, wie bereits erwähnt, die Vor- und Zunamen aller Gesellschafter enthalten, können aber ebenfalls durch eine „Geschäfts- oder Etablissementbezeichnung" ergänzt werden.

Wenn Sie ganz auf die Angabe von Vor- und Zunamen verzichten wollen, müssen Sie sich im Handelsregister eintragen lassen und dies durch einen Rechtsformzusatz im Namen deutlich machen. Ihre Geschäftspartner können sich dann im Handelsregister darüber informieren, wer sich hinter der Firma verbirgt. Bei UGs (haftungsbeschränkt), GmbHs, OHGs, KGs usw. ist der Eintrag ins Handelsregister Pflicht und die Namenswahl entsprechend recht frei. Als Einzelunternehmer können Sie sich freiwillig eintragen lassen und hängen dann an den gewählten Fantasienamen „eingetragener Kaufmann" oder kurz „e. K.“ an, wie etwa in „BSB e. K.“. Die Firma wird dadurch allerdings bilanzierungspflichtig, damit erhöhen sich, wie bereits erwähnt, die laufenden Kosten für Buchhaltung und Steuerberatung ganz erheblich.

Ein geschickt gewählter Name kann Ihr erster Marketingcoup sein. Mit dem Namen „Bürochaos-Management“ wecken Sie sicher mehr Aufmerksamkeit als mit dem klassischen „Büroservice“. Sie kommen leichter in die Medien, wenn Sie den kuriosen Namen dann noch mit einer schlüssigen Story und einer guten Bildidee kombinieren.

Tipp

WIE SIE DEN RICHTIGEN NAMEN FINDEN

Wählen Sie einen Namen, der einfach auszusprechen, zu schreiben und zu behalten ist. Weckt er positive Assoziationen und vermittelt er klar, was Sie anbieten? Oder müssen Sie erst umständlich erklären, was Sie sich dabei gedacht haben? Verwenden Sie positive Bilder oder Metaphern – sie prägen sich besser ein als abstrakte Bezeichnungen oder gar Abkürzungen. Denken Sie auch an die Zukunft: Passt der Name noch, wenn Sie später zusätzliche Leistungen anbieten? Wird der trendige Name möglicherweise schon bald altmodisch klingen?

Der schönste Name ist wertlos, wenn er bereits von anderen Unternehmen verwendet wird, die mit Ihrem verwechselt werden könnten. Zwar kann es Jahre dauern, bis diese Unternehmen die Namensgleichheit bemerken. Aber auch dann noch können sie Sie abmahnen und dazu zwingen, Ihren Namen zu ändern. Sie haben bis dahin wahrscheinlich viel Zeit und möglicherweise auch Geld investiert, damit Ihr Name bekannt wird, sodass ein solcher erzwungener Wechsel Sie teuer zu stehen kommt. Deshalb ist es besser, schon bei der Gründung zu recherchieren, ob es andere Unternehmen mit ähnlichen Namen gibt. Ohnehin wollen Sie sicherlich passend zum Firmennamen einen Domainnamen reservieren. Prüfen Sie also für verschiedene Namensvarianten, ob und welche Domains noch frei sind; das ist kostenlos bei Internetprovidern wie 1und1.com möglich.

Ist Ihr Wunschname bereits vergeben, wird aber nicht aktiv genutzt, können Sie über den Registrar (für .de-Domains ist dies www.denic.de) den Eigentümer herausfinden und ihn fragen, ob er bereit ist, Ihnen die Domain zu verkaufen. Die Recherche in Suchmaschinen, bei www.telefonbuch.de und www.handelsregister.de wird schnell namensgleiche Unternehmen ergeben, sofern es welche gibt. Auch die lokale IHK können Sie hierzu befragen. Beim Markenregister des Deutschen Patent- und Markenamts können Sie kostenlos recherchieren, ob ein Name beziehungsweise ein Namenszusatz bereits als Wort- oder Wort-Bild-Marke geschützt ist. Sofern der Schutz für eine Leitklasse (Branche) registriert wurde, in die auch Ihr Geschäft fallen würde, dürfen Sie dieses Element nicht verwenden. Ist der Name noch frei, sollten Sie darüber nachdenken, ihn selbst als Marke anzumelden. Dies ist mit Gebühren von rund 300 Euro verbunden sowie eventuell mit Rechtsanwaltskosten.

Allerdings lässt sich nicht jeder Begriff schützen. Namen mit beschreibendem Inhalt wie beispielsweise „Star Entertainment" für eine Eventagentur sind nicht schutzfähig, weil ihnen die notwendige Unterscheidungskraft fehlt (§ 8 Markengesetz). Das bedeutet umgekehrt, dass Sie diesen Zusatz gefahrlos benutzen dürfen, wenn Ihnen die Verwechslungsgefahr egal ist!

Muss ich ein Gewerbe anmelden?

Ein Gewerbe anmelden müssen Sie immer dann, wenn Sie einer gewerblichen Tätigkeit nachgehen. Darunter fallen eindeutig:

- Groß- und Einzelhandel (allgemein der Verkauf von Produkten)
- Vertreter, Vermittler, Agenturen (Vermittlung gegen Provision)
- Gastronomie und Hotellerie
- Handwerk und handwerksnahe Berufe
- Industrielle Fertigung
- Alle GmbHs und UGs

Ihr Gewerbe müssen Sie bei der Gemeinde oder der Stadt anmelden. Ist auf dem Formular ein entsprechendes Feld vorgesehen, sollten Sie vermerken, dass Sie nebenberuflich selbstständig sind. Damit wird der Nachweis hierüber leichter, wenn Sie später in die hauptberufliche Selbstständigkeit wechseln und Gründungszuschuss beantragen wollen.

Bei manchen Gewerben muss eine Zulassung oder Erlaubnis vorliegen, dies wird vom Gewerbeamt überprüft. Das Gewerbeamt informiert zudem automatisch weitere Stellen, mit denen Sie während Ihrer Selbstständigkeit zu tun haben: Wundern Sie sich also nicht, wenn Sie vom Finanzamt postwendend einen Fragebogen erhalten. Auch die Gewerbesteuerstelle der Kommune, das Gewerbeaufsichtsamt, die Handwerkskammer beziehungsweise Industrie- und Handelskammer, die Berufsgenossenschaft sowie das statistische Landesamt erfahren von Ihrer Gründung.

Oder bin ich Freiberufler?

Freiberuflern bleibt eine Menge Bürokratie erspart, von der Gewerbesteuer ganz abgesehen. Dazu müssen sie allerdings „Dienstleistungen höherer Art" erbringen. Hierzu zählen die in § 18 Absatz 1 Nummer 1 Einkommensteuergesetz aufgeführten Katalogberufe, die zu einem großen Teil durch eine vorgeschriebene akademische Ausbildung oder staatliche Prüfungen definiert sind:

- ➜ Heilberufe: Ärzte, Zahnärzte, Tierärzte, Krankengymnasten, Hebammen, Heilmasseure, Diplompsychologen
- ➜ Rechts-, steuer- und wirtschaftsberatende Berufe: Rechtsanwälte, Patentanwälte, Notare, Wirtschaftsprüfer, Steuerberater, beratende Volks- und Betriebswirte
- ➜ Naturwissenschaftliche/technische Berufe: Ingenieure, Chemiker, Architekten, Lotsen, hauptberufliche Sachverständige
- ➜ Informationsvermittelnde Berufe/Kulturberufe: Journalisten, Bildberichterstatter, Dolmetscher, Übersetzer

Die Liste im Gesetz stammt aus dem Jahr 1960, bis heute sind viele den Katalogberufen ähnliche Tätigkeiten hinzugekommen. Oft wurden mehrjährige Gerichtsverfahren geführt, um dieses Privileg für eine Tätigkeit zu erstreiten. Ebenfalls freiberuflich sind die Tätigkeitsberufe, die keine akademische Ausbildung voraussetzen, sondern durch die Qualität des Tuns freiberuflichen Charakter haben. Hierzu zählen

- wissenschaftliche (zum Beispiel Marktforscher),
- künstlerische (zum Beispiel Designer),
- schriftstellerische (zum Beispiel Werbetexter) sowie
- unterrichtende oder erziehende Tätigkeiten (zum Beispiel Sprachlehrer).

Eine verbindliche Entscheidung darüber, wie eine Tätigkeit einzuordnen ist, kann letztlich nur das Finanzamt auf Anfrage treffen. Allerdings fällt das Ergebnis nicht immer aus wie gewünscht. Fragen Sie deshalb zunächst Ihren Existenzgründungs- oder Steuerberater um Rat oder nutzen Sie unseren Service unter www.jeder-ist-unternehmer.de/fragen.

Vorsicht: Wenn Sie sich sowohl gewerblich als auch freiberuflich betätigen, kann auf das gesamte Einkommen Gewerbesteuer erhoben werden – selbst wenn der gewerbliche Anteil nur ein Prozent ausmacht! Bevor Sie nun aber zwei getrennte Firmen gründen: Beachten Sie, dass Sie als Einzelunternehmer oder GbR erst ab 24.500 Euro Gewinn pro Jahr Gewerbesteuer zahlen müssen. Und selbst wenn Sie mehr verdienen: In Gemeinden mit einem Gewerbesteuerhebesatz von bis zu 380 Prozent wird die bezahlte Gewerbesteuer vollständig mit der Einkommensteuer verrechnet, sodass Sie außer dem Mehr an Bürokratie keinen Nachteil haben. Anders verhält es sich allerdings, wenn Sie in einer Stadt mit höherem Hebesatz ansässig sind. Dann lohnt es sich, bei einem höheren Gewinn auf die Gewerbesteuer zu achten und zum Beispiel die gewerblichen von den freiberuflichen Aktivitäten zu trennen.

Was möchte das Finanzamt von mir wissen?

Als Freiberufler müssen Sie Ihre selbstständige Tätigkeit beim Finanzamt anmelden, bei Gewerbetreibenden meldet sich das Finanzamt nach der Gewerbeanmeldung ganz von selbst. Den dazu erforderlichen Fragebogen können Sie in der Regel von der Webseite Ihres Finanzamts herunterladen und direkt ausfüllen. Je früher Sie das tun, umso besser, denn erst wenn der Fragebogen abgegeben und bearbeitet ist, erhalten Sie Ihre Steuernummer als Selbstständiger sowie Ihre Umsatzsteuer-ID. Eine dieser beiden Nummern müssen Sie auf Ihren Rechnungen angeben, sofern Sie von Ihren Kunden Umsatzsteuer erheben. Außerdem benötigen im Ausland ansässige Dienstleister Ihre Umsatzsteuer-ID, damit sie ihre Leistungen an Sie ohne Umsatzsteuer in Rechnung stellen können.

Achten Sie beim Ausfüllen des Fragebogens vor allem auf folgende Details:

- ➜ Art der Tätigkeit: Wählen Sie die Angabe möglichst allgemein, damit Sie sich nicht schon bei kleinen Veränderungen oder Ergänzungen beim Finanzamt melden müssen (zum Beispiel besser „Unternehmensberatung“ als „Existenzgründungsberatung“).
- ➜ Gründungsdatum: Sofern es sich um eine – im Sinne der Arbeitsagentur – hauptberufliche Gründung handelt, für die Sie Gründungszuschuss beantragen, müssen Sie das Datum so wählen, dass alle Bewilligungsvoraussetzungen vorliegen (Antrag abgeholt, mindestens einen Tag arbeitslos, ausreichender Restanspruch auf Arbeitslosengeld).
- ➜ Zugehörigkeit zur Handwerkskammer oder Industrie- und Handelskammer: Als Freiberufler kreuzen Sie hier „nein“ an.
- ➜ Handelsregistereintrag: Benötigen Sie als Einzelunternehmer oder GbR nicht.
- ➜ Höhe des voraussichtlichen Jahresgewinns im laufenden und folgenden Jahr: Dieser Betrag bestimmt die Höhe der Vorauszahlungen, schätzen Sie eher vorsichtig.
- ➜ Art der Gewinnermittlung: Wählen Sie die Einnahmen-Überschuss-Rechnung, sofern nicht aufgrund der Rechtsform (e. K., GmbH, UG) die Bilanzierung vorgeschrieben ist.
- ➜ Wirtschaftsjahr: Wählen Sie das Kalenderjahr, abweichende Wirtschaftsjahre sind nur sinnvoll für Saisonbetriebe, etwa einen Skilehrer.
- ➜ Umsatzschätzung: Wenn Sie – umgerechnet auf das Gesamtjahr – im ersten Jahr unter der Grenze von 17.500 Euro bleiben, kommt für Sie die Kleinunternehmerregelung infrage (siehe folgender Abschnitt).

Sofern Sie sich nicht für die Kleinunternehmerregelung entscheiden, müssen Sie noch die folgenden Fragen beantworten:

- Soll-/Istversteuerung: Wählen Sie die Istversteuerung „nach vereinnahmten Entgelten“. Das bedeutet, dass Sie die enthaltene Umsatzsteuer ans Finanzamt nicht schon abführen müssen, wenn Sie die Rechnung gestellt haben, sondern erst, wenn die Zahlung eingegangen ist. Das ist in der Regel deutlich vorteilhafter für Sie.
- Dauerfristverlängerung: Beantragen Sie diese gleich mit, dann haben Sie einen Monat länger Zeit, um Ihre Voranmeldungen abzugeben.
- Umsatzsteuer-Identifikationsnummer: Auch die sollten Sie unbedingt gleich mit beantragen.

Kleinunternehmerregelung: Soll ich Umsatzsteuer erheben oder nicht?

Wenn Sie Ihren Kunden gegenüber Umsatzsteuer erheben, landet diese zwar auf Ihrem Konto, sie gehört aber dem Finanzamt: Sie sind lediglich der Geldeintreiber. Die vereinnahmte Umsatzsteuer müssen Sie am Anfang des Folgemonats an den Fiskus abführen, allerdings verringert um die Umsatzsteuer, die Sie selbst beim Begleichen von Rechnungen bezahlt haben („Vorsteuer“).

Beispiel

UMSATZSTEUER UND VORSTEUER

Im Dezember bezahlen die Kunden von Bettina L. Rechnungen über insgesamt 1.000 Euro zuzüglich 190 Euro Umsatzsteuer. Im selben Monat begleicht sie Eingangsrechnungen in Höhe von 200 Euro zuzüglich 38 Euro Umsatzsteuer. Unter dem Strich schuldet Marlies L. dem Finanzamt (190 Euro – 38 Euro =) 152 Euro. Wenn sie mehr Vorsteuer bezahlt als sie Umsatzsteuer vereinnahmt hat, bekommt sie sogar etwas vom Finanzamt erstattet.

Wenn Sie im Gründungsjahr umgerechnet auf das Gesamtjahr weniger als 17.500 Euro Umsatz (nicht Gewinn!) erwarten, können Sie bei der steuerlichen Anmeldung die Kleinunternehmerregelung (§ 19 Umsatzsteuergesetz) wählen. Sie brauchen Ihren Kunden dann keine Umsatzsteuer in Rechnung zu stellen, bekommen aber umgekehrt die bezahlte Umsatzsteuer („Vorsteuer") auch nicht erstattet. Sie sparen sich Arbeit, wenn Sie Ihre Rechnungen schreiben, und müssen vor allem keine monatlichen Umsatzsteuervoranmeldungen einreichen.

Gut zu wissen

UMRECHNUNG AUF DAS GESAMTJAHR

Angenommen Sie gründen im September und erzielen bis Ende Dezember 6.000 Euro Umsatz. Auf das Gesamtjahr umgerechnet entspricht dies einem Umsatz von (6.000 Euro x 12 Monate / 4 Monate =) 18.000 Euro. Ob Sie Anfang oder Ende September gegründet haben, ist dabei irrelevant. Hätten Sie bereits im August gegründet, läge der Gesamtjahresumsatz bei 14.400 Euro und damit unterhalb der Betragsgrenze für die Kleinunternehmerregelung.

Die Kleinunternehmerregelung ist vorteilhaft, wenn Sie hauptsächlich für Privatkunden tätig sind. Denn für diese Kundengruppe ist es egal, ob der Rechnungsbetrag Umsatzsteuer enthält oder nicht, es kommt ihnen nur auf den zu zahlenden Gesamtbetrag an. Für Sie aber macht es einen gewaltigen Unterschied, ob Sie von dem zu erzielenden Preis Umsatzsteuer abführen müssen oder nicht. Wenn Sie zudem kaum umsatzsteuerpflichtige Ausgaben haben, also ohnehin nur wenig Umsatzsteuer erstattet bekommen würden, ist Ihr Vorteil umso größer.

Anders verhält es sich, wenn Sie hauptsächlich umsatzsteuerpflichtige Firmenkunden betreuen. Diese vergleichen die Nettopreise – die darauf erhobene Umsatzsteuer erhalten sie ja selbst auch wieder zurückerstattet. Als Kleinunternehmer können Sie ihnen gegenüber also keinen höheren Nettopreis durchsetzen, verzichten aber auf die Erstattung der Vorsteuer. Außerdem verraten Sie auf diese Weise etwas über Ihren Umsatz, was einen negativen Imageeffekt haben kann.

Die Kleinunternehmerregelung können Sie nicht nur für das Jahr der Gründung nutzen. Erst wenn Sie in einem Jahr mehr als 17.500 Euro Umsatz erzielt haben, müssen Sie im Folgejahr auf dieses Privileg verzichten. Das gilt auch dann, wenn Sie schon zu Jahresbeginn für das laufende Geschäftsjahr einen Umsatz von mehr als 50.000 Euro absehen können. Wenn dagegen der Umsatz im laufenden Jahr unerwartet erstmals auf über 50.000 Euro ansteigt, ist dies nicht schädlich. Sie müssen dann im nächsten Jahr anfangen, Umsatzsteuer zu erheben.

Sie erheben bereits Umsatzsteuer und erwägen eine Rückkehr ins Kleinunternehmertum? Das muss gut überlegt sein und ist auch nicht immer möglich. Nur unter folgenden Voraussetzungen können Sie sich wieder von der Umsatzsteuerpflicht befreien lassen:

- ➜ Sie haben die Kleinunternehmer-Liga nicht freiwillig verlassen, sondern mussten dies tun, weil Ihr Jahresumsatz nach einer Anlaufphase die Beitragsgrenzen überschritten hat. Ihr Jahresumsatz wird aber im laufenden Jahr unter 17.500 Euro fallen, und zwar inklusive der von Ihnen in Rechnung gestellten Umsatzsteuer. Zudem werden Sie im kommenden Jahr – wiederum inklusive Umsatzsteuer – voraussichtlich nicht mehr als 50.000 Euro einnehmen. Trifft all das auf Sie zu, können Sie sich mit Wirkung von Beginn des kommenden Kalenderjahres an von der Umsatzsteuer befreien lassen. Eine formlose Mitteilung ans Finanzamt genügt.
- ➜ Falls Sie auf eigenen Wunsch umsatzsteuerpflichtig wurden, zum Beispiel weil Sie im Rahmen der steuerlichen Anmeldung auf das Kleinunternehmerprivileg verzichtet haben, sind Sie für fünf Jahre an die Steuerpflicht gebunden. In dieser Zeit müssen Sie in jedem Fall von Ihren Kunden Umsatzsteuer verlangen und diese ans Finanzamt abführen – auch wenn Ihr Jahresumsatz die 17.500 Euro deutlich unterschreitet. Wenn Sie also im Jahr 2015 darauf verzichtet haben, weiterhin als Kleinunternehmer zu arbeiten, können Sie frühestens 2020 wieder einer werden.
- ➜ Sonderfall: Falls Sie die Kleinunternehmer-Liga freiwillig verlassen haben, können Sie dies rückgängig machen, solange die Steuerbescheide nach Ihrer Entscheidung noch anfechtbar sind. Dann müssen sämtliche Rechnungen, die Sie seitdem gestellt und in denen Sie die Umsatzsteuer geson-

dert ausgewiesen haben, entsprechend berichtigt werden. Das heißt auch, dass Sie Ihren Kunden die erhaltene Umsatzsteuer zurückerstatten müssen. Allzu lange sollten Sie mit dieser Entscheidung nicht warten. Denn eine solche Rückzahlung führt zu Änderungen in der Buchhaltung Ihrer Kunden und zu Mehraufwand, womit Sie sich bei den Betroffenen nicht unbedingt beliebt machen.

Brauchen Teilzeit-Selbstständige einen Businessplan?

Solange Sie keinen Gründungszuschuss beantragen und nicht an einem Businessplan-Wettbewerb teilnehmen, müssen Sie keinen Businessplan schreiben. Unser Rat: Tun Sie es trotzdem – für sich selbst, am besten gleich zu Beginn der Selbstständigkeit. So können die guten Ideen, die Ihnen vor und während der Gründung einfallen, nicht im Tagesgeschäft untergehen und vergessen werden. Wenn Sie Ihre Geschäftsidee aufschreiben, zwingen Sie sich außerdem zu gedanklicher Disziplin. Formulieren Sie konkrete Antworten auf wichtige Fragen, zum Beispiel „Wie gewinne ich meine ersten Kunden?" oder „Welchen Preis muss ich mittelfristig erzielen und wie viele Stunden (Stück, Umsatz ...) muss ich verkaufen, damit sich die Selbstständigkeit lohnt?".

Vor allem erkennen Sie beim Schreiben und Rechnen des Businessplans, wie Ihre (Marketing-)Maßnahmen sowie Ihre Einnahmen und Ausgaben voneinander abhängen. Sie entwickeln in Ihrem Kopf ein Modell Ihres Geschäfts. Das damit verbundene bessere Verständnis der Zusammenhänge wird Ihnen später helfen, die richtigen Entscheidungen zu treffen und zu erkennen, ob Sie noch auf dem richtigen Weg sind. Der Businessplan gibt zudem Anlass, all die Fragen, die sich im Verlauf der Selbstständigkeit ohnehin stellen werden, vorab zu durchdenken. Besprechen Sie sich mit anderen, holen Sie Rat ein und stellen Sie ganz grundsätzlich die Weichen. So verhindern Sie, dass Sie sich von zufälligen Ereignissen steuern lassen, statt Ihren eigenen Weg zu gehen und Ihr Vorhaben umzusetzen.

Vielleicht kommen Sie beim Schreiben und Diskutieren des Plans auch zu dem Ergebnis, dass Ihre Geschäftsidee mit viel Mühen und wenig Ertrag verbunden ist. Diese frühzeitige Einsicht kann Ihnen viel Zeit und Arbeit ersparen – und Sie können sich sofort daranmachen, eine aussichtsreichere Geschäftsidee zu entwickeln.

Übrigens: Auch wenn Sie „nur" als freier Mitarbeiter tätig werden, sollten Sie unbedingt einen Businessplan schreiben. Um nicht als scheinselbstständig zu gelten und allein von den Launen eines Kunden abhängig zu sein, müssen Sie über kurz oder lang weitere Kunden gewinnen und sich dafür einen Plan zurechtlegen.

Sie sind überzeugt und wollen einen Businessplan schreiben? Gut, dann legen Sie gleich los. Sie brauchen keine hochtrabenden formalen Anforderungen zu erfüllen und keine Jury zu überzeugen. Nehmen Sie zum Beispiel die unter www.jeder-ist-unternehmer.de/bplan angebotene Vorlage als Ausgangspunkt. Sie besteht aus einer Word- und einer Excel-Datei.

Die Word-Datei stellt den Textteil Ihres Businessplans dar. Er gliedert sich wie folgt (in Klammern finden Sie jeweils Beispiele für die Art von Fragen, die Sie im entsprechenden Abschnitt beantworten müssen):

- Persönliche Eignung (Ihre Stärken!)
- Zielgruppe (An wen genau wollen/können Sie verkaufen?)
- Markt (Gibt es überhaupt eine nennenswerte Nachfrage und ausreichend Zahlungsbereitschaft?)
- Wettbewerb (Wie arbeiten Ihre Konkurrenten, was bieten sie zu welchen Konditionen?)
- Kundennutzen und Positionierung (Was haben Sie im Vergleich zu bieten? Einen günstigeren Preis, mehr Erfahrung, gute Kontakte?)
- Vertrieb und Kommunikation (Wie gewinnen Sie Ihre ersten und dann weitere Kunden?)
- Abläufe und Organisation (Wie sorgen Sie für Erreichbarkeit, wie organisieren Sie die Buchhaltung usw.?)
- Zukunftsperspektiven (Was, wenn die Teilzeit-Selbstständigkeit erfolgreich angelaufen ist? Welche Risiken bedrohen Ihren Erfolg?)

Zu jedem Gliederungspunkt finden Sie sechs bis zehn Unterfragen, die Sie so knapp und präzise wie möglich in wenigen Sätzen beantworten sollten. Das Ergebnis: In kürzester Zeit haben Sie einen etwa fünfseitigen Masterplan für

Ihr Business geschrieben. Damit sind Sie auf Fragen und Herausforderungen vorbereitet, an die Sie zuvor vielleicht noch gar nicht gedacht haben, die sich während der Selbstständigkeit aber unweigerlich stellen werden.

Trauen Sie sich, noch einen Schritt weiter zu gehen? Dann füllen Sie auch den Zahlenteil aus, indem Sie wiederum einen Fragebogen beantworten:

- ➜ Wer könnten Ihre ersten Kunden sein?
- ➜ Wie viele Stunden (Stück, Umsatz ...) werden diese Kunden abnehmen? Wie verteilt sich der Absatz über die ersten Monate?
- ➜ Wie viel müssen Sie pro Monat für Miete, für Werbung, für Dienstleister und weitere Posten ausgeben?

Aus den Antworten auf solch konkrete Fragen ergibt sich dann automatisch der Zahlenteil Ihres Businessplans. Ist die errechnete Umsatzentwicklung für die ersten zwölf Monat realistisch? Wie weit gerät Ihr Konto in die Miesen und wie viel Anschubfinanzierung brauchen Sie, um dies zu verhindern? Ab wann erzielen Sie einen angemessenen Stundensatz? Wann verdienen Sie genug, um Ihre Lebenshaltungskosten decken zu können?

Sie werden sehen: Wenn der Zahlenteil nicht irgendwelche, sondern Ihre Zahlen enthält, mit Ihren Einnahmen und Ausgaben bestückt ist, wird er sehr anschaulich. Vielleicht macht es dann sogar Spaß, die getroffenen Annahmen zu variieren und zu beobachten, wie sich dies auf Gewinn und Liquidität auswirkt.

Besprechen Sie den Businessplan mit einem Existenzgründungsberater oder erfahrenen Unternehmer und holen Sie sich Anregungen, wie Sie mit weniger Arbeitseinsatz vielleicht deutlich mehr erreichen können. Und freuen Sie sich, wenn die Planung tatsächlich eintrifft!

Kapitel 7

Gut abgesichert: So wird's günstiger

Egal wie klein Ihr Unternehmen ist: Sie müssen die wichtigsten Versicherungen abschließen und in vielen Fällen schlagen die Ausgaben dafür gerade bei einem geringeren Einkommen kräftig zu Buche. Es gibt jedoch einige Hintertüren, über die Sie günstiger als gedacht vorsorgen können. Wie Sie Ihren finanziellen Aufwand verringern und sich trotzdem gut absichern können, verraten wir Ihnen in diesem Kapitel.

Was gilt für die Kranken- und Pflegeversicherung?

Wie Sie sich am besten kranken- und pflegeversichern, wenn Sie Ihre Selbstständigkeit mit einer Anstellung, einem Studium oder der Elternzeit kombinieren, haben Sie bereits in Kapitel 4 gelesen. Hier geht es darum, wie Sie sich versichern können, wenn Sie Ihre Selbstständigkeit nicht mit einer weiteren sozialversicherungsrelevanten Lebens- oder Arbeitssituation verbinden.

Das Positive daran, dass Sie versicherungsrechtlich gesehen „nur" als selbstständig gelten, ist: Sie sind von der gesetzlichen Krankenversicherungspflicht befreit. Sie können sich gesetzlich oder privat versichern. Der Nachteil daran: Unabhängig davon, welche Art der Versicherung Sie wählen, müssen Sie die Beiträge komplett selbst bezahlen. Die Beiträge werden auch auf Grundlage des Einkommens aus einer möglicherweise nebenberuflichen Festanstellung sowie weiterer Einkünfte, etwa aus Vermietung, berechnet. Bei hauptberuflich Angestellten beruhen die Beiträge nur auf den Einkünften aus ihrer Anstellung und nicht auf denen aus ihrer nebenberuflichen Selbstständigkeit.

Wenn Sie sich trotz Ihrer hauptberuflichen Selbstständigkeit freiwillig in der gesetzlichen Kasse versichern wollen, gelten die hohen Mindestbeiträge für Selbstständige: Sie müssen monatlich mindestens 310 Euro plus einen krankenversicherungsspezifischen Zusatzbeitrag ohne Krankentagegeld und 323 Euro plus einen Zusatzbeitrag mit Krankentagegeld zahlen. Das entspricht einem Verdienst von 2.126 Euro und Beitragssätzen von 14,6 plus des speziellen Beitrags beziehungsweise 15,2 Prozent plus des Sonderbeitrags. Verdienen Sie weniger, zahlen Sie Beiträge auf ein Einkommen, das Sie gar nicht haben. Dies gilt auch für die Beiträge zur Pflegeversicherung. Die Mindestbeiträge liegen hier bei knapp 50 Euro (für Kinderlose bei 55 Euro).

Die hohen Beiträge können Sie als gesetzlich versicherter Selbstständiger nur in folgenden Fällen umgehen: Entweder Sie können sich kostenlos in der Familienversicherung mitversichern lassen oder Sie erhalten Gründungszuschuss und profitieren während der Förderung von günstigeren Beiträgen. Eine weitere Alternative: Sie verdienen so wenig, dass Sie hilfebedürftig werden, wenn Sie die Beiträge zur gesetzlichen Krankenversicherung zahlen. In

Beiträge zur gesetzlichen Krankenkasse im Jahr 2015

	Berechnungsgrundlage	Beitrag Krankenversicherung	Beitrag Pflegeversicherung
Grundsätzlich ist der Beitrag einkommensabhängig	Ihr Einkommen plus Einnahmen aus Vermietung, Kapitalvermögen etc.	14,6 % plus Sonderbeitrag	2,35 (2,6) %
Untergrenze während des Bezugs von Gründungszuschuss	1.417,50 Euro	206,95 Euro plus Sonderbeitrag	32 (35) Euro
Untergrenze	2.126,25 Euro	310 Euro plus Sonderbeitrag	50 (41) Euro
Beitragsbemessungsgrenze = Obergrenze	4.125 Euro	602 Euro plus Sonderbeitrag	97 (107) Euro

Beitragssatz Krankenversicherung: mit Krankentagegeld („Lohn"-Fortzahlung ab der siebten Krankheitswoche) 14,6 Prozent mit Sonderbeitrag, ohne Krankentagegeld 14 Prozent plus Sonderbeitrag
Beitragssatz Pflegeversicherung: Versicherte mit Kind 2,35 Prozent, Versicherte ohne Kind 2,6 Prozent

diesem Fall sollten Sie einen Antrag auf Beitragsentlastung stellen und Ihre Bedürftigkeit nachweisen. Wer sein geringeres Einkommen glaubhaft gemacht hat, spart rund 100 Euro an Beiträgen pro Monat.

Die Voraussetzung für eine Beitragsentlastung auch nach Ende des Bezugs von Gründungszuschuss ist: Es darf wirklich kein weiteres Einkommen vorhanden sein. Dies bedeutet, dass nicht nur das Versicherungsmitglied, sondern auch Personen, mit denen es in einer sogenannten Bedarfsgemeinschaft lebt, kein höheres Einkommen haben dürfen. Zu einer Bedarfsgemeinschaft gehören der Ehegatte oder der Lebenspartner, der mit im gemeinsamen Haushalt lebt, nicht dazu gehören Eltern oder Kinder.

Private Krankenversicherung

Der Wechsel in die private Krankenversicherung bedeutet meist eine Entscheidung fürs Leben. Denn sowohl die Rückkehr in die gesetzliche als auch der Wechsel von einer privaten Krankenversicherung zu einer anderen ist nur in Ausnahmefällen möglich und sinnvoll. Überdenken Sie diese Entscheidung daher gut. Private Kassen orientieren sich nicht am Einkommen, sondern an

Alter, Geschlecht, den Vorerkrankungen, dem Eigenanteil, den Sie zu zahlen bereit sind – und dem Leistungsumfang, den Sie beanspruchen wollen.

Die private Versicherung lohnt sich vor allem dann, wenn Sie dauerhaft alleinstehend sind und sehr gut verdienen. Wenn Sie Ihre Selbstständigkeit in Teilzeit ausüben, können Sie aber nur schwer einschätzen, wie sich Ihr Einkommen entwickeln wird, wenn Sie eines Tages mehr Zeit in Ihr Vorhaben stecken. Deshalb empfiehlt es sich, mit einem Wechsel zu warten, bis sich Ihre Einkommenssituation stabilisiert hat und Sie wissen, ob Ihr Geschäft gute Umsätze generiert. Wenn das Einkommen und damit die Beiträge deutlich ansteigen, können Sie als Selbstständiger jederzeit mit zwei Monaten Kündigungsfrist die gesetzliche Krankenversicherung verlassen und einer privaten Versicherung beitreten.

Tipp

SELBSTBEHALT BEI DER PRIVATEN KRANKENVERSICHERUNG

Selbstständige, die privat krankenversichert sind, können durch einen höheren Selbstbehalt unter Umständen viel Geld sparen. Denn wenn der Eigenanteil steigt, sinkt der Beitrag – und das oft sogar überproportional. Hierbei die finanziellen Vor- oder Nachteile zu berechnen, ist jedoch nicht ganz einfach: Zusätzlich zu unterschiedlichen Selbstbehalten und Beitragssätzen müssen Sie eventuelle Rückerstattungen durch die private Krankenversicherung berücksichtigen. Bei niedrigeren Beiträgen fallen diese entsprechend geringer aus. Letztlich müssen Sie also verschiedene Szenarien durchkalkulieren. Unter www.jeder-ist-unternehmer.de/selbstbehalt finden Sie ein Tool hierzu, das Sie downloaden und auf Ihre eigenen Verhältnisse anpassen können. Holen Sie sich vor der Änderung Ihres Selbstbehalts aber auf jeden Fall den Rat eines guten Finanzberaters ein!

Vielleicht helfen Ihnen folgende Überlegungen, wenn Sie über die richtige Versicherungsform für sich nachdenken:

- Wenn Sie planen, eine Familie zu gründen, oder wenn Ihr Ehepartner nicht berufstätig ist, dürfte die gesetzliche Krankenkasse finanziell attraktiver für Sie sein: Denn Ihr Ehepartner und Ihre Kinder können sich über die Familienversicherung kostenfrei mitversichern. Diese Leistung bietet die private Krankenversicherung nicht an.
- Solange Sie wenig verdienen, können Sie sich zu vergleichsweise günstigen Konditionen in der gesetzlichen Krankenkasse versichern. Falls Sie später deutlich mehr verdienen, können Sie bei Bedarf immer noch zu einer privaten Krankenkasse wechseln.
- Verdienen Sie richtig gut und sind Sie Single, kann die private Krankenkasse sogar von Anfang an eine günstigere Variante für Sie sein – bei deutlich besserer Leistung.

Sonderfall Familienversicherung

Unter bestimmten Voraussetzungen können Sie über Ihren Ehepartner beitragsfreies Mitglied in der kostenlosen Familienversicherung sein.

Beispiel

FAMILIENVERSICHERUNG WÄHREND DER BABYPAUSE

Kristin Schwemmle, Jahrgang 1977, war als selbstständiger Karrierecoach freiwillig gesetzlich krankenversichert. Für ihre auf zunächst sechs Monate befristete Babypause hat sie ihre Versicherung beendet, um über ihren Mann beitragsfrei in der Familienversicherung abgesichert zu sein. Sie hat gute Erfahrungen gemacht:

„Ich hatte einen sehr netten persönlichen Ansprechpartner, der Verständnis für meine Situation als Selbstständige aufbrachte. Wenn während meiner Zeit in der Familienversicherung Geld auf meinem Konto landet, für das ich bereits Monate vorher die Rechnung gestellt habe, ist klar, dass ich deswegen nicht aus der Familienversicherung falle. Er hat mir schriftlich bestätigt, dass der Zeitpunkt der Rechnungstellung und nicht der Zeitpunkt des Geldeingangs relevant ist. Wenn ich nach der Babypause wieder arbeite und eigene Versicherungsbeiträge bezahlen muss, bekomme ich Konditionen wie ein Existenzgründer – und muss zunächst nur den Mindestbeitrag zur Krankenversicherung entrichten, obwohl ich schon seit Jahren im Geschäft bin. Aber meinem Ansprechpartner war klar, dass ich mit einem Baby sicher nicht so viel arbeiten kann wie in den vergangenen Jahren ohne Kind. Ich kann anderen Selbstständigen nur empfehlen, sich einen guten Mitarbeiter bei der zuständigen Krankenkasse zu suchen und mit ihm Konditionen und Bedingungen zu vereinbaren. Offenbar gibt es in vielen Fragen Verhandlungsspielraum – gerade wenn der Versicherung bewusst ist, dass sie Mitglieder halten oder gewinnen will."

Sie sind dann weiterversichert, wenn Ihr Ehepartner gesetzlich krankenversichert ist und Sie innerhalb folgender Grenzen nebenberuflich selbstständig arbeiten:

- ➔ Sie arbeiten weniger als 18 Stunden pro Woche.
- ➔ Sie verdienen höchstens 395 Euro pro Monat.
- ➔ Sie haben keinen Arbeitnehmer beschäftigt, der mehr als 450 Euro pro Monat verdient.

Wenn Sie eine der Voraussetzungen nicht erfüllen oder eine der Grenzen überschreiten, müssen Sie sich selbst versichern. Als Nachweis über Ihr Einkommen verlangt die Versicherung Ihres Ehepartners in der Regel den Steuerbescheid des Vorjahres. Wenn Ihr Ehepartner privat versichert ist, gibt es keine Möglichkeit, dass Sie mitversichert werden. In diesem Fall muss jedes Familienmitglied einen eigenen Beitrag zahlen.

Was ist bei der Rentenversicherung zu beachten?

Der Großteil der Selbstständigen ist nicht verpflichtet, in die gesetzliche Rentenversicherung einzuzahlen. Unter bestimmten Voraussetzungen können auch Sie sich die vergleichsweise hohen Beiträge sparen – und einen Teil davon mit besseren Renditechancen in eine private Vorsorgeform investieren.

Manche Selbstständige aber haben schlicht das Pech, zu einer Berufsgruppe zu gehören, die aufgrund in die Jahre gekommener Gesetze rentenversicherungspflichtig ist. Im Folgenden informieren wir Sie über Ihre Ansprüche, Rechte und Pflichten bei der Rentenversicherung.

Welche Selbstständigen sind rentenversicherungspflichtig?

Gut gemeint ist nicht gut gemacht: Um die Angehörigen bestimmter Branchen vor der Armut im Alter zu schützen, sind jene seit jeher Pflichtmitglieder in der Rentenversicherung – auch wenn sie selbstständig arbeiten. Was früher fürsorglich gewesen sein mag, hat inzwischen seinen Sinn verloren, denn mit den Jahren haben sich die gesetzlichen Beitrags- und Rentenhöhen stark verändert – beides zuungunsten der Versicherten. Kleinunternehmer geraten daher in vielen Fällen wegen der hohen Beiträge zur Rentenversicherung an die Grenze ihrer finanziellen Möglichkeiten. Sie haben nicht nur jetzt, sondern auch im Ruhestand weniger Geld zur Verfügung, als wenn sie privat vorsorgen könnten.

Wenn Sie zu den Berufsgruppen gehören, die wir im Folgenden aufzählen, sind Sie in der Regel rentenversicherungspflichtig – zumindest, wenn Sie mehr als 450 Euro Gewinn erwirtschaften.

- Lehrer und Erzieher, die im Zusammenhang mit ihrer selbstständigen Tätigkeit regelmäßig keinen versicherungspflichtigen Arbeitnehmer beschäftigen; dazu zählen auch Fahr-, Nachhilfe- und Sportlehrer sowie Dozenten in der Erwachsenenbildung.
- Pflegepersonen, darunter Beschäftigte in der Kranken-, Säuglings- und Kinderpflege, sowie Hebammen, die keine versicherungspflichtigen Arbeitnehmer beschäftigen.
- Selbstständig tätige Handwerker mit einem Eintrag in der Handwerksrolle sind pflichtversichert, bis sie 216 Kalendermonate – also 18 Jahre lang – Pflichtbeiträge bezahlt haben. Dann können sie sich befreien lassen.
- Hausgewerbetreibende, also Selbstständige, die in eigener Arbeitsstätte für Auftraggeber wie Unternehmen Waren herstellen, bearbeiten und ver-

packen und dabei auch ein gewisses unternehmerisches Risiko tragen. Sie müssen möglicherweise Arbeitsmaterialien wie Rohstoffe selbst beschaffen oder vorübergehend auf eigene Rechnung arbeiten. Die Verwertung der Ware übernimmt der Auftraggeber.

- Küstenschiffer, Küstenfischer und Seelotsen sind in der Regel ebenfalls rentenversicherungspflichtig.
- Selbstständige Künstler und Publizisten aus den Bereichen Musik, darstellende Kunst, bildende Kunst/Design und Wort mit maximal einem versicherungspflichtigen Mitarbeiter sind versicherungspflichtig in der Künstlersozialkasse (dazu später mehr). Für sie muss die Pflichtversicherung kein Nachteil sein, da sie nur die Hälfte der Beiträge bezahlen müssen.

Falls Sie unsicher sind, ob Sie zu einer der rentenversicherungspflichtigen Berufsgruppen gehören, fragen Sie bei Ihrem Berufsverband oder der Rentenversicherung nach.

Was sind arbeitnehmerähnliche Selbstständige?

Die Rentenversicherungspflicht trifft noch weitere Gruppen von Selbstständigen. Auch sogenannte arbeitnehmerähnliche Selbstständige müssen sich seit 1999 grundsätzlich gesetzlich rentenversichern. Falls Sie unter den folgenden Bedingungen arbeiten, gehören Sie zu dieser Gruppe:

- Sie sind dauerhaft und im Wesentlichen nur für einen Auftraggeber tätig. Davon geht man aus, wenn Sie fünf Sechstel Ihres Umsatzes mit einem einzigen Kunden erwirtschaften. Von Dauerhaftigkeit spricht man, wenn es sich bei der Tätigkeit um einen Dauerauftrag handelt oder Sie in einem regelmäßigen Turnus beschäftigt sind. Haben Sie hingegen einen Projektauftrag übernommen, der Sie beispielsweise regelmäßig zwei Tage pro Woche beschäftigt, der aber nach einiger Zeit ausläuft, ist die Dauerhaftigkeit nicht gegeben – es sei denn, das Projekt dauert länger als ein Jahr.
- Sie beschäftigen keinen versicherungspflichtigen Arbeitnehmer mit einem regelmäßigen Entgelt von mehr als 450 Euro pro Monat.

Ausgenommen von der Versicherungspflicht für arbeitnehmerähnliche Selbstständige sind Sie, wenn Sie zwar zu den genannten Gruppen von Selbstständigen gehören, aber folgende Bedingungen erfüllen:

- Sie erzielen weniger als 450 Euro Gewinn.
- Sie sind Existenzgründer. Dann können Sie sich auf Antrag für drei Jahre vom Rentenversicherungsträger offiziell von dieser Pflicht befreien lassen.
- Sie haben das 58. Lebensjahr vollendet.

Gut zu wissen

WICHTIGE UNTERSCHEIDUNG

Arbeitnehmerähnliche Selbstständige haben viele Gemeinsamkeiten mit Scheinselbstständigen (siehe ab Seite 117). Sie unterscheiden sich aber dadurch, dass die arbeitnehmerähnlich im Gegensatz zu den scheinselbstständig Tätigen unternehmerisch handeln und nicht weisungsgebunden sind.

Kommen Sie der Meldepflicht nach

Gehören Sie zu einer der genannten Gruppen von Selbstständigen, die der Rentenversicherungspflicht unterliegen, besteht zudem eine Meldepflicht. Sie müssen sich innerhalb von drei Monaten, nachdem Sie Ihre selbstständige Tätigkeit aufgenommen haben, beim Rentenversicherungsträger melden. Tun Sie das nicht, besteht die Gefahr, dass Sie die Beiträge zur Rentenversicherung auch rückwirkend zahlen müssen. Versuchen Sie besser nicht, sich durchzumogeln oder sich allein auf Ihre eigene Einschätzung zu verlassen: Wenn Sie sich nicht melden, droht im schlimmsten Fall sogar ein zusätzliches Bußgeld.

Dasselbe gilt, wenn Sie nur im Nebenberuf arbeitnehmerähnlich selbstständig sind: Dann können Sie dazu verpflichtet werden, gegebenenfalls zusätzliche Beiträge zur Rentenversicherung zu zahlen – selbst wenn Sie im

Hauptberuf angestellt sind und für dieses Einkommen bereits Beiträge zur Sozialversicherung entrichten. Die Rentenversicherungspflicht entsteht also zusätzlich und ist möglicherweise nicht völlig durch die Haupttätigkeit abgedeckt.

Wann ist die freiwillige gesetzliche Versicherung sinnvoll?

Wenn Sie nicht rentenversicherungspflichtig sind, haben Sie in der Regel bessere Renditeaussichten, wenn Sie privat fürs Alter vorsorgen. Es gibt jedoch gute Gründe, sich freiwillig gesetzlich zu versichern. Wenn Sie aus einer früheren Angestelltentätigkeit bereits in die gesetzliche Rentenversicherung eingezahlt haben, kann es sich lohnen, zumindest eine Grundsicherung aufzubauen. Wenn Sie bisher weniger als 60 Monate lang Beiträge geleistet und deshalb noch keinen Rentenanspruch erworben haben, ist es in der Regel empfehlenswert, jetzt oder später diese 60 Monate durch freiwillige Zahlungen zu vervollständigen. So sichern Sie sich zumindest eine minimale gesetzliche Altersrente, soweit es diese in der Zukunft noch gibt. Ausbildungszeiten werden bei einem Rentenbeginn ab 2009 nicht mehr beziehungsweise nur noch sehr eingeschränkt berücksichtigt. Wenn Sie unter 60 Beitragsmonaten bleiben, können Sie sich die gezahlten Beiträge erstatten lassen.

Ein zweiter triftiger Grund, weiter in die Rentenversicherung einzuzahlen: Wenn Sie bis Ende 1983 mindestens 60 Monate lang Beiträge geleistet haben und seitdem ausnahmslos jeder Monat belegt ist, haben Sie Anspruch auf eine volle oder teilweise Erwerbsminderungsrente. Diese sichert das Risiko der Erwerbsminderung analog zur privaten Berufsunfähigkeitsversicherung ab, wenn auch meist in geringerem Umfang.

Über die Hotline der Bundesversicherungsanstalt für Angestellte (BfA) unter 0800/3331919 können Sie sich von kompetenten Mitarbeitern beraten lassen, Ihren Rentenstatus mit Versicherungsverlauf oder das Antragsformular für einen „vollständigen Kontenabgleich“ anfordern. Ihr Rentenstatus wird Ihnen auch zugeschickt, wenn Sie direkt auf der Webseite der BfA Ihre Sozialversicherungsnummer eingeben.

Wenn Sie sich freiwillig gesetzlich rentenversichern, müssen Sie den Rentenversicherungsbeitrag komplett selbst übernehmen. Wie viel Sie monatlich einzahlen, können Sie selbst wählen, der Beitrag kann zwischen 85,05 Euro und dem Höchstbetrag liegen. Berechnungsgrundlage für den Höchstbetrag: 6.050 Euro, maximal können Sie also 1.143,45 Euro zahlen.

Pflichtversicherung auf Antrag

Wenn es sich für Sie lohnt, in die gesetzliche Rentenversicherung einzuzahlen, sollten Sie auch wissen, dass Sie sich nicht nur freiwillig versichern, sondern auf Antrag ein Pflichtmitglied werden können. Das ist innerhalb von fünf Jahren nach Aufnahme der Selbstständigkeit möglich oder nach dem Ende einer Versicherungspflicht aufgrund der Selbstständigkeit. Weitere Voraussetzung: Sie müssen mehr als 450 Euro pro Monat verdienen. Der große Nachteil ist, dass die Versicherungspflicht unwiderruflich ist. Sie endet nur, wenn Sie Ihre Tätigkeit aufgeben oder Altersvollrente beziehen. Es gibt dennoch Vorteile gegenüber der freiwilligen Versicherung, die im Einzelfall überwiegen können: Sie erwerben beispielsweise Anspruch auf eine Erwerbsunfähigkeitsrente und auch bei der Anrechnung von Schwangerschaft, Mutterschutz, Arbeitslosigkeit und Rehabilitation auf die Beitragszeiten für die Rente sind Sie als Pflichtversicherter bessergestellt. Welche Art der Vorsorge in Ihrem konkreten Fall besser geeignet ist, sollten Sie in einer Beratung klären.

Wenn Sie privat vorsorgen wollen

Wenn Sie nicht in die gesetzliche Rentenversicherung einzahlen müssen, dürfen Sie sich gratulieren: Sie können stattdessen mit deutlich besseren Renditeaussichten für Ihr Alter vorsorgen. Nutzen Sie diese Chance und legen Sie von Anfang an einen bestimmten Prozentsatz Ihres Einkommens für die Altersvorsorge an. Je früher Sie starten, umso stärker greift der Zinseszinseffekt. Wenn Sie erst später anfangen, müssen Sie viel mehr pro Monat sparen, um denselben Effekt zu erzielen.

Auseinandersetzen sollten Sie sich mit dem Thema Altersvorsorge in jedem Fall, auch wenn es gerade Teilzeit-Unternehmern schwerfällt, das dafür nötige Geld zurückzulegen: Wenn Sie keine großen Umsätze generieren, sind Sie wahrscheinlich froh, wenn Ihnen genug zum Leben bleibt, und wollen erst einmal Ihre Selbstständigkeit in Gang bringen.

Tipp

LASSEN SIE SICH BERATEN

Damit Sie im Alter nicht mittellos dastehen, sollten Sie sich unbedingt fachmännischen Rat holen. Welche Art der Vorsorge für Sie infrage kommt, hängt von Ihren Zielen ab. Berücksichtigt werden sollte auch, ob Sie schon gewisse Ansprüche, beispielsweise aus der gesetzlichen Rentenversicherung, erworben haben. Lassen Sie sich beraten, ob für Sie eine Kapitallebensversicherung, ein Fondssparplan oder die staatlich geförderte Rentenversicherung am besten geeignet ist.

Die Basisrente

Für viele Selbstständige bietet die Basisrente, auch als Rürup-Rente bekannt, eine gute Möglichkeit, fürs Alter vorzusorgen. Sie ist vor allem für Selbstständige gedacht, die nicht in der gesetzlichen Rentenversicherung sind, aber vergleichbare Ansprüche erwerben wollen. Dieses Modell unterscheidet sich von der gesetzlichen Rentenversicherung darin, dass sie nicht umlagefinanziert, sondern kapitalgedeckt ist. Das bedeutet: Die Beiträge werden angespart und verzinst, beziehungsweise in andere Anlageformen investiert, damit sie, sobald die Mitglieder Anspruch auf die lebenslange monatliche Rente haben, ausgezahlt werden können. Die Auszahlung ist bei Verträgen, die bis zum 31.12.2011 abgeschlossen wurden, ab dem 60. Lebensjahr möglich, bei Verträgen, die ab dem Jahr 2012 abgeschlossen werden, erst ab dem 62. Lebensjahr.

Ein großer Vorteil der Rürup-Rente besteht darin, dass Sie die Beiträge zu einem großen Teil als Sonderausgaben von der Steuer absetzen können. Wenn

Sie Single sind, können Sie bis zu 20.000 Euro, als Paar bis zu 40.000 Euro geltend machen. Davon wirkt sich aufgrund von Übergangsregeln allerdings nur ein bestimmter Prozentsatz steuerwirksam aus:

- 2015 80 Prozent
- 2016 82 Prozent
- 2017 84 Prozent

Der Prozentsatz steigt bis zum Jahr 2025 jährlich um zwei Prozent. Ab 2025 können Sie die Beiträge in voller Höhe absetzen – bis zu der genannten Höchstgrenze von 20.000 beziehungsweise 40.000 Euro.

Lassen Sie sich auch die weiteren Vorteile der Rürup-Rente durch den Kopf gehen:

- Sollten Sie eines Tages auf Arbeitslosengeld II angewiesen sein, haben die Ämter keinen Zugriff auf das in der Rürup-Rente angesparte Kapital – es wird nicht als anrechenbares Vermögen gewertet.
- Auch wenn Sie Insolvenz anmelden müssen, haben Gläubiger keinen Zugriff auf das Geld. Es ist pfändungssicher und wird bis zu Ihrem Ruhestand verwahrt.
- Sie können die Beiträge monatlich, jährlich oder durch eine Einmalzahlung leisten – und auch mal länger ruhen lassen.

Natürlich gibt es auch Nachteile: Wenn Sie im Alter Ihre Rürup-Rente beziehen, werden diese Zahlungen genau wie die aus der gesetzlichen Rentenversicherung behandelt – beide sind zu versteuern, ab 2040 sogar zu 100 Prozent. Ein Teil der Steuerersparnis, von der Sie beim Einzahlen der Beiträge profitieren, geht also im Nachhinein wieder verloren. Falls Sie auch als Rentner arbeiten wollen und dann womöglich ein hohes Einkommen erwirtschaften, haben Sie aufs Leben gerechnet vielleicht wenig bis gar keine Steuern gespart. Es kann also – abhängig von den Umständen im Einzelfall – lukrativer sein, auf andere Sparformen zurückzugreifen, um fürs Alter vorzusorgen.

Tipp

SCHAFFEN SIE SICH EINE ZUSÄTZLICHE RESERVE

Nutzen Sie den Vorteil aus der Steuerersparnis und legen Sie dieses Geld gleich wieder an, statt es auszugeben. So schaffen Sie sich eine zusätzliche Reserve für den Ruhestand und verbessern Ihre Chancen, den aktuellen Lebensstandard auch im Alter beibehalten zu können.

Anders als bei manchen anderen privaten Rentenversicherungen gibt es bei der Rürup-Rente kein Kapitalwahlrecht. Das heißt, Sie können die Rente nicht in einer Summe ausbezahlt bekommen, sondern erhalten sie lebenslang in monatlichen Raten. Damit sichern Sie das sogenannte Langlebigkeitsrisiko ab: Ähnlich wie die gesetzliche erhalten Sie auch die Rürup-Rente Monat für Monat, egal welches Alter Sie erreichen.

Die Ansprüche aus der Basisrente können Sie, sofern dies vertraglich vereinbart wurde, an Ihren Ehepartner oder kindergeldberechtigte Kinder vererben. Theoretisch kann die Rürup-Rente auch um eine Hinterbliebenenrente aufgestockt werden, dabei handelt es sich jedoch um einen getrennten Vertrag. Die Ausgaben hierfür sind nicht steuerlich absetzbar, daher lohnt sich das in der Regel nicht.

Tipp

MINDESTENS ZEHN PROZENT VOM EINKOMMEN, BESSER MEHR

Vorsorge-Experte Sven Kesberger aus München empfiehlt, mindestens zehn Prozent vom Gewinn vor Steuern in die private Altersvorsorge zu investieren. „Angestellte müssen zwangsweise fast 20 Prozent ihres Einkommens in die gesetzliche Rentenversicherung einzahlen und zusätzlich private Vorsorge betreiben. Private Rentenversicherungen sind in der Regel effizienter. Mit zehn Prozent sichern Sie sich zumindest eine Basisversorgung."

Vorsicht: Scheinselbstständigkeit

„Scheinselbstständigkeit" – diesen Begriff haben die Gewerkschaften geprägt, um darauf hinzuweisen, dass es in Deutschland viele Selbstständige gibt, die nach Art ihrer Aufgaben eigentlich Arbeitnehmer sind, aber dennoch nicht dieselben Rechte und Pflichten haben. Freie Journalisten, die im Dienstplan von Redaktionen erfasst sind und dieselbe Arbeit machen wie ihre fest angestellten Kollegen, selbstständige LKW-Fahrer, die feste Fahrten bei Speditionen übernehmen – in ganz unterschiedlichen Tätigkeitsbereichen versuchen Arbeitgeber, die Sozialabgaben für ihre Mitarbeiter einzusparen. Wenn Sie als Selbstständiger nichtselbstständige Arbeit leisten, hat das jedoch zur Folge, dass für Sie Sozialversicherungsbeiträge bezahlt werden müssen.

Wer im Einzelfall selbstständig oder nichtselbstständig für einen Auftraggeber arbeitet, das beurteilen Betriebsprüfer der Deutschen Rentenversicherung in einer Gesamtschau. Dabei geht es nicht darum, einzelne für Scheinselbstständige typische Merkmale zu betrachten. Wesentlich ist vielmehr, ob Sie bei Ihrer Tätigkeit unternehmerische Entscheidungen treffen. Im Vordergrund stehen diese Fragen:

- ➜ Tragen Sie ein eigenes unternehmerisches Risiko?
- ➜ Gestalten Sie die Preise für die Kunden oder geben die Kunden die Preise vor?
- ➜ Arbeiten Sie in Ihren eigenen Räumen mit eigenen Arbeitsgeräten?
- ➜ Oder arbeiten Sie in den Räumen des Auftraggebers, möglicherweise sogar in der dort üblichen Betriebsuniform?
- ➜ Müssen Sie Zeit in Kundenakquise investieren?
- ➜ Haben Sie eine eigene Homepage, eigenes Briefpapier, Visitenkarten?
- ➜ Beschäftigen Sie eigene Mitarbeiter?
- ➜ Sind Sie in den Dienstplan des Auftraggebers eingebunden, müssen Sie sich an feste Arbeitszeiten halten und befolgen Sie seine Weisungen zum Arbeitsablauf?
- ➜ Arbeiten Sie im Wesentlichen nur für einen Auftraggeber, das heißt: Verdienen Sie fünf Sechstel Ihres Umsatzes nur mit einem einzigen Kunden?
- ➜ Hat Ihr Auftraggeber Angestellte, die dasselbe erledigen wie Sie?

- ➔ Haben Sie beim gleichen Arbeitgeber möglicherweise dieselbe Arbeit zuvor als Arbeitnehmer verrichtet?

Wenn zu befürchten ist, dass Sie scheinselbstständig arbeiten, gibt es mehrere Möglichkeiten, um zu reagieren:

- ➔ Sie ändern gemeinsam mit Ihrem Auftraggeber die Arbeits- und Vertragsbedingungen derart, dass Sie tatsächlich selbstständig arbeiten.
- ➔ Sie beide akzeptieren, dass Sie Arbeitnehmer sind, und schließen einen Vertrag über ein reguläres Arbeitsverhältnis.
- ➔ Falls sich der Auftraggeber weigert, Ihnen einen Arbeitsvertrag anzubieten, können Sie Ihren Status vor Gericht durchsetzen.

Grundsätzlich tritt die Sozialversicherungspflicht ein, sobald klar ist, dass Sie scheinselbstständig arbeiten. Ihr Auftraggeber muss die Sozialversicherungsbeiträge für die Zeit, in der Sie für ihn gearbeitet haben, bis zu vier Jahre rückwirkend nachzahlen. Ihnen drohen möglicherweise Steuernachzahlungen. Ihre unternehmerische Tätigkeit endet, Sie müssen Ihr Gewerbe abmelden.

Ihr Auftraggeber kann innerhalb eines Monats, nachdem Sie Ihre Tätigkeit für ihn aufgenommen haben, bei der Clearingstelle der Deutschen Rentenversicherung beantragen, dass Ihr Status festgestellt wird. Dann tritt die Versicherungspflicht gegebenenfalls erst zum Zeitpunkt der offiziellen Entscheidung ein.

Sonderfall Künstlersozialkasse

Für den Staat gelten selbstständige Künstler und Publizisten als schützenswert, denn oft sind sie schlecht abgesichert und verdienen so wenig, dass es ihnen schwerfällt, für ihre Gesundheit und den Ruhestand vorzusorgen. Daher wurde für sie die Künstlersozialkasse (KSK) eingeführt, die ihnen zu erschwinglichen Preisen zur Kranken-, Pflege- und Rentenversicherung verhilft. Das Prinzip dahinter: Wie Arbeitnehmer zahlen selbstständige Künstler und Publizisten nur 50 Prozent der Grundbeiträge zur gesetzlichen Sozialversicherung. Den Anteil des nicht vorhandenen Arbeitgebers übernehmen zu 20 Prozent der

Bund und zu 30 Prozent die Auftraggeber, die Honorare an freie Künstler bezahlen.

Gut zu wissen

BESTIMMTE AUFTRÄGE VERPFLICHTEN SIE ZUR KSK-ABGABE

Wenn Sie Künstler oder Publizisten beschäftigen, etwa wenn Sie Flyer und Broschüren gestalten und Texte verfassen lassen oder einen DJ für eine Veranstaltung engagieren, sind Sie verpflichtet, dies der KSK zu melden. Die KSK ermittelt den Abgabesatz, den Sie zahlen müssen, jährlich neu – 2015 beträgt er 5,2 Prozent der Beträge, die Ihnen freie Kreative in Rechnung stellen. Ein einzelner Auftrag, zum Beispiel die einmalige Gestaltung Ihrer Homepage, macht Sie noch nicht abgabepflichtig – sobald Sie aber im Jahr eine Handvoll solcher Aufträge vergeben, gelten Sie als sogenannter Verwerter. Der Prüfdienst der Deutschen Rentenversicherung kann jederzeit Ihre Unterlagen kontrollieren. Falls Sie dabei ertappt werden, die Abgabe nicht überwiesen zu haben, drohen Nachzahlungen der Beiträge für die vergangenen fünf Jahre.

Die Abgabe muss unabhängig davon bezahlt werden, ob die Auftragnehmer im konkreten Fall in der KSK versichert sind oder nicht. Die KSK selbst ist übrigens keine Versicherung, sondern Sammelstelle für die Sozialversicherungsbeiträge, die von Auftraggebern und Selbstständigen eingezahlt werden. Die jeweiligen Beträge leitet sie an die vom Selbstständigen gewählte Krankenkasse und an die Rentenversicherung weiter.

Wer ist bei der KSK versichert?

Der Beitritt zur KSK ist keine freiwillige Angelegenheit, sondern verpflichtend. In der Regel ist das ein willkommener Zwang, denn zumindest als Kleinunternehmer sparen Sie jede Menge Geld durch die Mitgliedschaft. Lediglich Besserverdienern können Nachteile entstehen – und zwar dann, wenn es für sie günstiger wäre, private Versicherungen für Krankheit und Ruhestand abzuschließen. Doch nach einer gewissen Zeit und ab einem bestimmten Verdienst können sie immer noch in die private Krankenversicherung wechseln.

Zunächst aber gilt, dass Sie als Selbstständiger sich über die KSK versichern müssen, wenn folgende Kriterien auf Sie zutreffen:

- Sie arbeiten selbstständig als Künstler oder Publizist, und zwar überwiegend im Inland.
- Sie betreiben diese Tätigkeit erwerbsmäßig und dauerhaft, das heißt, Sie arbeiten mit dem Ziel, Gewinne zu erwirtschaften – und das nicht nur vorübergehend.
- Sie erzielen einen Einnahmenüberschuss von mehr als 3.900 Euro pro Jahr. Innerhalb von sechs Jahren können Sie diese Verdienstgrenze zweimal unterschreiten, ohne dass Sie aus der Versicherung fallen.
- Sie beschäftigen höchstens einen sozialversicherungspflichtigen Mitarbeiter mehr als geringfügig.

Auch wenn Sie in Teilzeit arbeiten, sind Sie grundsätzlich verpflichtet, sich zu versichern, wenn die genannten Kriterien auf Sie zutreffen. Für Berufsanfänger gilt, dass sie in den ersten drei Jahren der Selbstständigkeit die Gewinnuntergrenze von 3.900 Euro nicht erreichen müssen. Wenn Sie einmal aufgenommen sind, bleiben Sie so lange über die Künstlersozialkasse (KSK) versichert, wie die Versicherungskriterien auf Sie zutreffen.

Den Antrag auf die KSK-Mitgliedschaft können Sie im Internet auf der Seite www.kuenstlersozialkasse.de herunterladen. Haben Sie ihn ausgefüllt eingereicht, prüft die KSK, ob für Sie die Versicherungspflicht besteht oder nicht. Sind Ihre Unterlagen vollständig und gibt es keine Rückfragen zu Ihren Angaben, können Sie in der Regel innerhalb von ein bis zwei Monaten mit einem Bescheid rechnen. Manchmal aber ist das Verfahren komplizierter, vor allem wenn unklar ist, ob Sie tatsächlich künstlerisch arbeiten.

Beispiel

KÜNSTLERISCHE ODER HANDWERKLICHE TÄTIGKEIT?

Marlene F. arbeitet im Bereich Kunsthandwerk, sie kreiert und produziert Skulpturen für Gärten. Nachdem sie ihren Antrag auf Mitgliedschaft bei der KSK eingereicht hat, wird ihr gesagt, dass unklar sei, ob sie tatsächlich Kunst schafft oder nur handwerklich tätig ist. Als Nachweis für ihre künstlerische Arbeit schickt Marlene F. Einladungskarten von Ausstellungen, bei denen ihre Werke gezeigt wurden, an die KSK. Daraufhin wird ihr Antrag genehmigt.

Wer es nicht schafft, seine künstlerische Tätigkeit zu belegen, wird möglicherweise auch nicht versichert. Auch wer in Verdacht gerät, scheinselbstständig zu sein, hat ein Problem: In diesem Fall müssen Sie nachweisen, dass Sie für mehr als nur einen Auftraggeber arbeiten. Gerade im Journalismus erledigen viele Selbstständige dieselben Tätigkeiten wie ihre fest angestellten Kollegen, oft in Vollzeit und für nur eine einzige Redaktion. Wer dann keine Arbeitsproben, Verträge oder Gehälter vorweisen kann, die sich auf Projekte mit anderen Auftraggebern beziehen, hat das Nachsehen.

Übrigens: Wenn Sie erst Monate nach Beginn Ihrer Selbstständigkeit den Antrag bei der KSK stellen, ist das zu Ihrem eigenen Nachteil. Sie verzichten für diese Zeit auf die Vorteile, denn der Versicherungsschutz beginnt erst mit der Meldung bei der KSK. Sie haben keinen Anspruch darauf, rückwirkend Beiträge erstattet zu bekommen.

Wie hoch sind die Beiträge?

Wenn Sie Mitglied in der KSK sind, richten sich die Beiträge zur Renten-, Kranken- und Pflegeversicherung nach der Höhe Ihres vorab geschätzten Jahreseinkommens. Jeweils bis zum 1. Dezember müssen Sie Ihren voraussichtlichen Gewinn für das Folgejahr melden – die meisten Selbstständigen geben korrekterweise hier den Gewinn an, der in der Steuererklärung des Vorjahres ausgewiesen ist. Dass es bei diesem Verfahren zu Ungenauigkeiten kommt, lässt sich nicht vermeiden – Rückforderungen drohen Ihnen bei unerwartet guter Einkommensentwicklung nicht.

Aus Ihrer Schätzung ergibt sich der Monatsbeitrag, der für das gesamte Folgejahr gilt. Wenn Sie voraussichtlich 10.000 Euro Gewinn machen, zahlen Sie im Jahr 2015 für eine komplette Kranken-, Pflege- und Rentenversicherung rund 160 Euro pro Monat. Wer mehr verdient, zahlt höhere Beiträge; wer weniger kriegt, niedrigere. Ein echter Vorteil, wenn man bedenkt, dass andere Selbstständige als freiwillige Mitglieder alleine für die gesetzliche Krankenkasse einen Beitrag von mindestens 298 Euro berappen müssen.

Privat versichert trotz KSK?

Unter bestimmten Bedingungen können Sie trotz Ihrer KSK-Mitgliedschaft privat versichert sein. Zum einen können Sie sich als Berufsanfänger für eine private Krankenkasse entscheiden. Der zweite Fall: Ihr Verdienst geht drei Jahre in Folge über die Beitragsbemessungsgrenze der Krankenkasse hinaus. Für 2015 liegt diese bei 49.500 Euro im Jahr oder 4.125 Euro im Monat. Trifft das auf Sie zu, werden Sie von der Kranken- und Pflegeversicherungspflicht befreit und können privat vorsorgen. Die Rentenversicherungspflicht gilt allerdings weiterhin. Sie bekommen auch dann einen Zuschuss von der KSK – jedoch nur den Betrag, den Sie auch als Mitglied der gesetzlichen Krankenkasse erhalten würden.

KSK und Nebenjob

Wenn Sie Ihre Selbstständigkeit als Publizist oder Künstler mit anderen sozialversicherungsrelevanten Tätigkeiten verbinden, kann dies Konsequenzen für Ihre KSK-Mitgliedschaft haben. Im Folgenden erfahren Sie, mit welchen Tätigkeiten sich Ihre Versicherung bei der KSK kombinieren lässt:

- Geringfügiger Nebenjob: Wenn Sie neben Ihrer künstlerischen oder publizistischen Tätigkeit einen Job haben, bei dem Sie höchstens 450 Euro verdienen, ändert sich nichts an Ihrer KSK-Mitgliedschaft.

- KSK und Anstellung: Wenn Sie als selbstständiger Künstler und zusätzlich in einer Festanstellung arbeiten, kommt es darauf an, welche Tätigkeit die hauptberufliche ist. Überwiegt die selbstständige Tätigkeit, bleiben Sie über die KSK versichert. Als hauptberuflich Angestellter sind Sie über dieses Arbeitsverhältnis versichert. Achtung: Wenn Sie als KSK-Mitglied eine neue hauptberufliche Anstellung aufnehmen, müssen Sie, sofern Sie weiter nebenher selbstständig arbeiten, hierfür über die KSK Rentenversicherungsbeiträge entrichten. Kranken- und pflegeversichert sind Sie über die Haupttätigkeit. Die Rentenversicherungspflicht über die KSK entfällt, wenn Sie in der Anstellung mit dem Bruttoarbeitsentgelt die Hälfte der monatlichen Beitragsbemessungsgrenze überschreiten. Im Jahr 2015 geht es dabei in Westdeutschland um den Betrag von 3.025 Euro, in Ostdeutschland um 2.600 Euro.
- Zwei oder mehr selbstständige Tätigkeiten: Wenn Sie Ihre künstlerische selbstständige Tätigkeit mit einer nichtkünstlerischen kombinieren – zum Beispiel als Journalist und Versicherungsmakler arbeiten –, können Sie die Mitgliedschaft in der KSK verlieren. Und zwar ist das dann der Fall, wenn Sie mit der nichtkünstlerischen Tätigkeit mehr als 450 Euro pro Monat verdienen. Dies gilt selbst dann, wenn die künstlerische Tätigkeit wirtschaftlich bedeutender ist als die nichtkünstlerische. In diesem Fall müssen Sie sich freiwillig oder privat krankenversichern und die Beiträge aus eigener Tasche zahlen. Rentenversicherungspflichtig bleiben Sie jedoch über die KSK, solange Ihr Gewinn aus der nichtkünstlerischen Tätigkeit unter der Hälfte der Beitragsbemessungsgrenze der gesetzlichen Rentenversicherung liegt.

Lohnt sich die freiwillige Arbeitslosenversicherung?

Als Selbstständiger können Sie sich seit 2006 freiwillig gegen Arbeitslosigkeit versichern. Bis Ende 2010 war das in vielen Fällen empfehlenswert, denn der Schutz gegen das Scheitern war preisgünstig. Durch eine Gesetzesänderung allerdings wurden die Beiträge in zwei Stufen 2011 und 2012 erhöht – auf das nun Vierfache! Der Monatsbeitrag beträgt inzwischen 85 Euro in den alten und 72 Euro in den neuen Bundesländern.

Als Berechnungsgrundlage für die Beiträge zur freiwilligen Arbeitslosenversicherung dient die sogenannte monatliche Bezugsgröße, also das durchschnittliche Bruttoeinkommen aller Versicherten in der gesetzlichen Rentenversicherung, das jährlich neu ermittelt wird. 2015 beträgt es für die alten Bundesländer 2.835 Euro, für die neuen 2.415 Euro. Auf diese Werte wird der Beitragssatz zur Arbeitslosenversicherung (3,0 Prozent) erhoben.

Die Ausnahme: Als Gründer bezahlen Sie in den ersten zwölf Monaten nur den halben Monatsbeitrag (42,50 beziehungsweise 36 Euro).

Der Anspruch auf Arbeitslosengeld, den Sie mit dieser Versicherung absichern wollen, entsteht, wenn Sie

- weniger als 15 Wochenstunden arbeiten – und zudem nebenher keiner anderen selbstständigen oder abhängigen Beschäftigung nachgehen,
- sich nachweislich bemühen, Ihre Beschäftigungslosigkeit zu überwinden,
- der Arbeitsagentur und dem Arbeitsmarkt auf Stellenangebote hin zur Verfügung stehen.

Was ist zu bedenken?

Wenn Sie konkret eine Auftragsebbe befürchten oder als Gründer noch unsicher in Bezug auf die Erfolgsaussichten sind, können Sie den Eintritt in die freiwillige Arbeitslosenversicherung erwägen – vor allem, wenn Sie sich als Familienoberhaupt besonders absichern müssen oder aus anderen Gründen ein hohes Sicherheitsbedürfnis haben. Hinterfragen sollten Sie jedoch, ob Sie nicht auf andere Einnahmequellen zurückgreifen können, die verglichen mit der Arbeitslosenversicherung mehr Einnahmen einbringen, falls Sie Ihre Tätigkeit unterbrechen oder ganz aufgeben müssen. Vielleicht können Sie übergangsweise in der Firma eines befreundeten Unternehmers aushelfen. Sie sollten wissen, dass der Arbeitslosengeldanspruch vieler Versicherungsnehmer so niedrig ist, dass sie ohnehin Arbeitslosengeld II beantragen müssten.

Hier offenbart sich eine Ungerechtigkeit im Versicherungssystem: Wie hoch die Leistung bei Arbeitslosigkeit ausfällt, hängt vor allem von der formalen Qualifikation des Versicherten ab. Wer kein Studium hat oder gar ungelernt ist, der erhält sehr viel weniger Arbeitslosengeld als ein Akademiker – unabhängig davon, wie viel er als Selbstständiger zuvor verdient und obwohl er dieselben Beiträge bezahlt hat.

Das fiktiv nach formaler Qualifikation bemessene Arbeitslosengeld beträgt (Stand 2014) für einen Hauptverdiener ohne Kind in den alten Bundesländern in Steuerklasse III (in Klammern: ledig ohne Kind, neue Bundesländer):

- Mit Hochschul- oder FH-Abschluss 1.389 (1.222) Euro
- Mit Fachschulabschluss oder Meister 1.299 (890) Euro
- Mit abgeschlossener Ausbildung 1.013 (882,90) Euro
- Ohne Ausbildung 786 (667) Euro

Ausnahme: Wenn Sie innerhalb der letzten 24 Monate mindestens 150 Tage Pflichtbeiträge bezahlt haben, erfolgt die Berechnung des Arbeitslosengeldanspruchs abhängig von der Höhe des zugrunde liegenden Verdienstes.

Rechnen Sie auch durch, ob Sie sich – selbst mit einer erfolgreichen Gründung – dauerhaft die Beiträge leisten können, die Sie in die Arbeitslosenversicherung einzahlen müssen.

Wenn Sie sich für eine Mitgliedschaft in der freiwilligen Arbeitslosenversicherung entscheiden, haben Sie als Gründer drei Monate Zeit, das „Versicherungspflichtverhältnis", also die Arbeitslosenversicherung für Selbstständige, zu beantragen. Voraussetzung dafür ist, dass Sie unmittelbar vor der Gründung entweder berufstätig waren und Pflichtbeiträge in die Arbeitslosenversicherung bezahlt haben oder Arbeitslosengeld bezogen haben. Falls Sie während Ihrer Selbstständigkeit weniger als 15 Stunden arbeiten, ist ein Beitritt nicht möglich.

Zur Kündigung der freiwilligen Arbeitslosenversicherung

Die Mitgliedschaft in der freiwilligen Arbeitslosenversicherung können Sie regulär erst fünf Jahre nach dem Versicherungsstart beenden. Die Kündigungsfrist beträgt nach diesem Zeitraum drei Monate zum Monatsende. Nach altem und auch nach neuem Gesetz besteht zudem die Möglichkeit, aus der Versicherung auszuscheiden, indem Sie mit Ihren Beiträgen mindestens drei

Monate säumig bleiben. Viele Gründer haben diese „kalte Kündigung“ in der Vergangenheit erfolgreich genutzt, bislang gab es dabei keine Probleme.

Welche Versicherungen sind sonst noch wichtig?

Wenn Sie selbstständig sind, sollten Sie Ihre Haftungsrisiken minimieren – das gilt auch für Unternehmen, die nur in kleinem Umfang tätig sind. Welche Versicherung Sie am besten schützt, hängt von Ihrer konkreten Tätigkeit ab und davon, welche Schäden Sie damit verursachen können. Es gibt auf jeden Beruf zugeschnittene Versicherungspakete. In manchen Berufsgruppen, zum Beispiel bei den Notaren oder Rechtsanwälten, müssen sich die Beschäftigten sogar versichern, um überhaupt zugelassen zu werden. Lassen Sie sich am besten von einem unabhängigen, idealerweise branchenerfahrenen Experten beraten, welche Versicherungen für Sie wichtig sind, er wird genau die Umstände Ihres Einzelfalls berücksichtigen.

Wozu dient die Betriebshaftpflichtversicherung?

Haben Sie bei einem Kundenbesuch schon einmal aus Versehen eine wertvolle Vase vom Tisch gestoßen? Oder sogar Ihren Geschäftspartner verletzt, indem Sie ihm versehentlich kochend heißen Tee über die Hand geschüttet haben? Keine schöne Vorstellung, aber beides kann jederzeit passieren. Um zumindest den finanziellen Schaden gering zu halten, der Ihnen in einer solchen Situation entsteht, können Sie sich versichern. Für Personen- und Sachschäden, die bei der Ausübung Ihres Berufs passieren, ist die Betriebshaftpflichtversicherung zuständig. Abhängig von der Deckungssumme ist sie ab rund 150 Euro pro Jahr erhältlich. Sie ist für nahezu jeden Selbstständigen zu empfehlen – je mehr Kundenkontakt Sie haben, desto dringender. Es macht natürlich einen Unterschied, ob Sie als Handwerker oder Masseur mit hohen Haftungsrisiken oder als Autor im stillen Kämmerlein arbeiten. Sie wollen per Vertrag jede Haftung ausschließen? Das können Sie versuchen, doch Sie sollten wissen, dass solche Klauseln nicht in jedem Fall gerichtlichen Bestand haben.

Eine betriebliche Haftpflichtversicherung bietet ähnliche Leistungen wie eine private, nur dass es dabei um Schäden geht, die bei der Arbeit entstehen. Achten Sie beim Abschluss der Versicherung darauf, dass die Leistungen individuell auf Sie und Ihre Tätigkeit zugeschnitten sind. Wenn in Folge eines Personen- oder Sachschadens, den Sie verursacht haben, weiterer finanzieller Schaden entsteht, sind Sie durch diese Versicherung ebenfalls geschützt.

Beispiel

ARZTRECHNUNG UND VERDIENSTAUSFALL

Schreiner Thomas D. hat aus Versehen seinen Kunden Marek V. am Arm verletzt, als er dessen Küche aufbaute. Marek V. kann nun zwei Wochen lang nicht arbeiten. Die Versicherung des Schreiners zahlt nicht nur die Arztrechnung des Kunden, sondern auch dessen Verdienstausfall.

Was deckt die Vermögensschaden-Haftpflichtversicherung ab?

Eine Vermögensschaden-Versicherung brauchen Sie in der Regel, wenn ein Kunde durch Ihre Arbeit Geld verlieren kann. Das kann beispielsweise passieren, wenn Sie als Berater, Gutachter, Notar, Rechtsanwalt, IT-ler oder Kreativer tätig sind.

Beispiel

SO KÖNNEN VERMÖGENSSCHÄDEN ENTSTEHEN

Ein Steuerberater vergisst einen Termin, sodass sein Kunde einen fehlerhaften Steuerbescheid akzeptieren muss. Ein Grafiker verwendet ein urheberrechtlich geschütztes Foto für eine Werbekampagne; hiergegen klagt der Urheber. Ein Unternehmensberater empfiehlt eine Unternehmenssoftware, die deutlich teurer ist als das vergleichbare Konkurrenzprodukt – das er schlicht übersehen hat.

Personen- und Sachschäden deckt die Vermögensschaden-Haftpflichtversicherung in der Regel nicht ab. Wie hoch die Beiträge sind, hängt von Ihrem Beruf ab. Den Versicherungsschutz gibt es ab rund 250 Euro, er kann je nach Leistungsspektrum und Deckungssumme aber auch mit 2.000 bis 3.000 Euro jährlich zu Buche schlagen. Für manche Berufsgruppen ist die Vermögensschaden-Haftpflichtversicherung verpflichtend, beispielsweise für Ärzte oder Versicherungsvertreter.

Wichtige private Versicherungen

So wenig wie möglich, so viel wie nötig – so lautet gemeinhin der Rat, wenn es um Versicherungen geht. Unabhängig davon, ob Sie selbstständig sind oder nicht, sollten Sie neben einer Kranken- und Pflegeversicherung unbedingt die folgenden drei Versicherungen abschließen:

- Private Haftpflichtversicherung: eine der preisgünstigsten und zugleich wichtigsten Versicherungen. Sie kommt für Schäden auf, die Sie privat verursacht haben, zum Beispiel wenn Sie als Radfahrer ein Auto beschädigen. Die jährlichen Ausgaben liegen bei etwa 100 bis 150 Euro. Zu unterscheiden davon ist die Kfz-Haftpflichtversicherung, die mit Ihrem Auto verursachte Schäden übernimmt.
- Unfallversicherung: ebenfalls eine relativ preisgünstige Versicherung, die im Fall eines schweren Unfalls Zahlungen leistet und Ihnen damit hilft, sich auf die neue Lebenssituation einzustellen. Die jährlichen Ausgaben hängen von der Versicherungshöhe ab, für 100 bis 150 Euro pro Jahr erhalten Sie bereits einen umfangreichen Schutz.
- Berufsunfähigkeitsversicherung: Hier müssen Sie mit deutlich höheren Kosten rechnen. Dafür erhalten Sie bei Berufsunfähigkeit bis zum Renteneintrittsalter den versicherten Teil Ihres bisherigen Einkommens. Zur Berufsunfähigkeit kann es nicht nur durch einen Unfall, sondern auch durch Krankheit oder psychische Belastungen kommen. Entsprechend streng wird beim Eintritt in die Versicherung auf Vorerkrankungen geachtet. Die Beitragshöhe kann je nach Einkommen und Vorerkrankungen stark

schwanken. Gehen Sie von einer Größenordnung von 100 Euro pro Monat aus – der Beitrag kann deutlich höher, aber auch deutlich niedriger liegen.

➜ Pflegezusatzversicherung: Im Fall einer Pflegebedürftigkeit deckt die gesetzlich vorgeschriebene soziale Pflegeversicherung nur einen Teil der tatsächlichen Kosten. Die Differenz kann dazu führen, dass man selbst beziehungsweise die Angehörigen gezwungen sind, vorhandene Ersparnisse aufzubrauchen. An dieser Stelle greift die Zusatzversicherung. Dabei gilt die Faustregel: Die Summe der Beiträge bis zum 65. Lebensjahr summiert sich auf insgesamt etwa 6.000 Euro. Je früher man die Versicherung abschließt, umso niedriger sind deshalb die monatlichen Zahlungen. Beiträge zu Pflegeversicherungen, die auch Menschen mit Vorerkrankungen aufnehmen, werden mit einer staatlichen Zulage von fünf Euro pro Monat („Pflege-Bahr") gefördert. Aufgrund ihres höheren Risikos sind diese Versicherungen allerdings deutlich teurer. Wenn Sie selbst keine Vorerkrankungen haben und und von einer regulären Zusatzversicherung aufgenommen werden, sollten Sie auf die Förderung verzichten.

Kapitel 8

So vermeiden Sie Ärger wegen Geld und Steuern

Die Angaben, die eine Rechnung enthalten muss, die einzuhaltenden Aufbewahrungsfristen, die Organisation der Buchhaltung, die rechtzeitige Abgabe der Gewinnermittlung – all diese Pflichten bestehen auch für ganz kleine Unternehmen. Wir zeigen Ihnen, wie Sie diese Vorgaben mit möglichst wenig Aufwand erfüllen können.

Wie Sie Rechnungen prüfen und selbst erstellen

Bevor Sie Ihre erste eigene Rechnung stellen, schauen Sie sich am besten einmal die Eingangsrechnungen an, die Sie von Ihren Lieferanten und Dienstleistern erhalten haben. So unterschiedlich sie im Einzelnen ausschauen mögen, bestimmte Angaben müssen alle enthalten.

Für Kleinbetragsrechnungen über eine Summe bis 150 Euro gelten folgende Pflichtangaben:

- Name und Anschrift des Verkäufers
- Rechnungsdatum
- Bezeichnung der Leistung und gegebenenfalls die Menge
- Umsatzsteuersatz
- Gesamtbetrag (brutto, das heißt inklusive Umsatzsteuer)

Überschreiten Rechnungen den Betrag von 150 Euro, müssen sie zusätzlich die folgenden Informationen enthalten:

- Name und Anschrift des Käufers
- Steuernummer oder Umsatzsteuer-ID des Verkäufers
- Rechnungsnummer (fortlaufend)
- Leistungszeitraum (oder Lieferdatum)
- Nettobetrag
- Umsatzsteuerbetrag (gegebenenfalls differenziert nach Steuersatz)

Achten Sie darauf, dass diese zusätzlichen Anforderungen erfüllt werden, wenn Sie beim Einkaufen, im Postamt oder im Restaurant einmal mehr als 150 Euro ausgeben. Falls Sie nicht nach Ihrer Adresse gefragt werden, weisen Sie darauf hin, dass Sie eine vollständige Rechnung benötigen.

Gut zu wissen

DAS IST BEI BEWIRTUNGSBELEGEN ZU BEACHTEN

Bewirtungsbelege müssen maschinell erstellt sein, alle Speisen und Getränke auflisten und zusätzliche Felder enthalten, in die Sie Ihren Namen, den Namen der bewirteten Personen und den Grund der Bewirtung eintragen können. Wenn Sie einmal vergessen haben, im Restaurant nach dem Bewirtungsbeleg zu fragen, können Sie den Bon auch auf einen Vordruck mit den entsprechenden Feldern aufkleben (kostenlos im Internet zu finden, suchen Sie einfach nach „Bewirtungskosten-Formular").

Auf Briefpapier ausgedruckt, mit einem Logo versehen oder unterschrieben sein, muss eine Rechnung nicht, die anderen hier erwähnten Angaben aber sind zwingend. Fehlt auch nur die Steuer- oder Rechnungsnummer, können Sie die in der Rechnung enthaltene Umsatzsteuer nicht geltend machen. Prüfen Sie deshalb alle eingehenden Rechnungen vor dem Zahlen sorgfältig und zögern Sie nicht, eine unvollständige Rechnung korrigieren zu lassen. Ihre Kunden werden es Ihnen gegenüber nicht anders halten.

Das bringt uns zu Ihren eigenen Rechnungen, den Ausgangsrechnungen: Erstellen Sie am besten eine Vorlage, die alle Pflichtangaben enthält und die Sie immer wieder verwenden können. Achten Sie besonders darauf, die Rechnungen fortlaufend zu nummerieren. Mit welcher Zahl Sie beginnen, ist unwichtig. Hauptsache, Sie vergeben keine Nummer doppelt und überspringen auch keine – das würde das Finanzamt misstrauisch machen. Die Rechnungsnummer darf beispielsweise aus Jahr, Monat und einer fortlaufenden Nummer zusammengesetzt werden, zum Beispiel 160802 für die zweite Rechnung, die Sie im August 2016 gestellt haben.

Tipp

FÜR EINE BESSERE ÜBERSICHT

Stellen Sie die Rechnungsnummer an den Anfang des Dateinamens, unter dem Sie die Rechnung speichern. Das vereinfacht das Durchnummerieren und auch das Wiederfinden von Rechnungen.

Häufiger werden auch Fehler beim (Firmen-)Namen des Kunden gemacht. Handelt es sich um einen Einzelunternehmer, muss dessen Name und Adresse auf der Rechnung stehen, nicht der des Mitarbeiters, der eine Leistung bestellt hat.

Bei der Müller & Maier GbR muss es genau so heißen, gerne mit ausgeschriebenen Vornamen. Der Name von Herrn Müller allein reicht nicht und der Rechtsformzusatz „GbR" darf hier ebenso wenig fehlen wie bei einer GmbH oder anderen Gesellschaften. Die korrekte Firmenbezeichnung finden Sie auf dem Briefpapier oder auf der Visitenkarte des Kunden, ansonsten fragen Sie am Telefon ausdrücklich, „auf welche Firma" die Rechnung ausgestellt werden soll.

Wenn Sie keine Umsatzsteuer erheben, reicht die Angabe „zzgl. 0 % USt" nicht. Sie müssen die Steuerbefreiung begründen, zum Beispiel so: „umsatzsteuerfrei wg. Kleinunternehmerregelung".

Wenn Sie dem Kunden einen Rabatt oder Skonto für die pünktliche Zahlung einräumen wollen, schreiben Sie dies unbedingt auch auf die Rechnung.

Ansonsten sind Sie bei nicht vollständiger Zahlung des angegebenen Betrags verpflichtet, nachträglich eine Gutschrift über die Differenz zu stellen.

Was tun, wenn Kunden nicht zahlen?

Wenn Sie selbst eingehende Rechnungen immer zeitnah begleichen, werden Sie überrascht sein, welches Problem säumige Kunden im Geschäftsleben darstellen. Schlechte Zahler gibt es unter den großen und den kleinen Unternehmen, selbst über öffentliche Auftraggeber gibt es viele Klagen. Damit Ihre Geduld nicht zu sehr auf die Probe gestellt wird, sollten Sie schon bei der Auftragsvergabe die Weichen richtig stellen.

Oft werden Aufträge mündlich erteilt. Fassen Sie die wichtigsten Gesprächsergebnisse daher in einer E-Mail zusammen, bevor Sie sich an die Arbeit machen. Bitten Sie Ihren Gesprächspartner, das Vereinbarte per E-Mail oder noch besser per Fax zu bestätigen – das empfiehlt sich vor allem bei größeren Aufträgen. Dazu fügen Sie unter Ihre Gesprächszusammenfassung oder Ihr Angebot einfach den Zusatz ein: „Ich beauftrage ... mit den besprochenen Aufgaben/Änderungen." Dann braucht Ihr Kunde nur noch zu unterschreiben. So vermeiden Sie Missverständnisse und sichern sich für den Fall eines Streits ab. Zudem nehmen Ihre Kunden Sie als professionellen Dienstleister wahr.

Bei einer Warenlieferung lassen Sie sich direkt bestätigen, dass alles vollständig und ordnungsgemäß angekommen ist. Dazu ist der Empfänger auch verpflichtet. Wenn Sie eine Dienstleistung erbringen, sollten Sie es genauso machen: Sobald der Kunde Zeit hatte, die Leistung zu prüfen, fragen Sie bei ihm nach, ob alles zur Zufriedenheit erledigt ist. Lassen Sie ihm nicht zu viel Zeit. Falls er Nachbesserungen fordert, die berechtigt sind, erledigen Sie diese am besten zeitnah. Wenn ein Änderungswunsch dagegen zu zusätzlichen Kosten führt, sollten Sie das Ihrem Kunden gleich sagen. Transparenz auch über finanzielle Aspekte liegt im beiderseitigen Interesse, zudem lassen sich auf diese Weise Auseinandersetzungen über von Ihnen berechnete Arbeitszeit vermeiden.

Sie sind gesetzlich verpflichtet, Rechnungen spätestens sechs Monate nach der Leistungserbringung zu stellen – so lange sollten Sie natürlich nicht warten. Stellen Sie spätestens zu Beginn des Folgemonats eine Rechnung über die erbrachten Leistungen und versenden Sie sie sofort. Als Zahlungsbedingung geben Sie am besten an: „Der Rechnungsbetrag ist sofort fällig."

Tatsächlich werden Sie dem Kunden wahrscheinlich 14 Tage zubilligen, um die Rechnung zu begleichen. Ist sie dann noch nicht bezahlt, sollten Sie mit einer E-Mail oder einem Anruf an die Rechnung erinnern: Ist sie überhaupt beim Adressaten angekommen, abgezeichnet, an die richtige Stelle weitergeleitet worden?

Tipp

ZAHLUNGSERINNERUNG PER E-MAIL

Sie haben öfter mit Kunden zu tun, die nicht oder nur sehr zögerlich zahlen? Dann lohnt es sich, wenn Sie sich einen Textbaustein wie den folgenden anlegen. Achten Sie bei der Anrede und den einzelnen Formulierungen auf die Gepflogenheiten in Ihrer Branche.

Sehr geehrte(r)/Liebe(r) Herr/Frau,
bei mir ist die Rechnung Nr. ... über ... vom ... noch offen.
Können Sie das bitte prüfen und mir sagen, wann die Rechnung von Ihnen bezahlt wurde beziehungsweise wird?
Danke vorab!
Mit freundlichen Grüßen

Oftmals bleibt eine Rechnung liegen, weil es noch eine Rückfrage dazu gibt, sich ein kleiner Fehler eingeschlichen hat, sie in einem dicken Stapel von Papieren untergegangen ist oder Ähnliches. Kommt dies bei bestimmten Kunden häufiger vor, bringen Sie die Rechnung am besten künftig persönlich vorbei. Lassen Sie sie von Ihrem Auftraggeber abzeichnen und geben Sie sie dann direkt bei der Buchhaltung ab.

Wenn Sie auf Ihre Erinnerungs-E-Mail nach weiteren ein bis zwei Wochen keine Antwort bekommen haben, beziehungsweise die Rechnung nicht bezahlt wurde, versenden Sie eine schriftliche Mahnung per Post. Am besten formulieren Sie auch dafür einen Textbaustein, den Sie immer wieder verwenden können.

Ihr Mahnwesen kann nur funktionieren, wenn Sie es konsequent betreiben. Am besten sehen Sie einmal pro Woche die offenen Rechnungen durch, versenden die Mahnungen und kennzeichnen dies auf den Rechnungen jeweils handschriftlich mit den Kürzeln „ZE“ für Zahlungserinnerung oder „1. M“ für erste Mahnung. Schreiben Sie auch das Datum auf, wann Sie welche Schritte unternommen haben, dann erkennen Sie immer sofort, was als Nächstes ansteht.

Das Versenden einer zweiten und dritten Mahnung ist übrigens nicht mehr nötig: „Der Schuldner einer Entgeltforderung kommt spätestens in Verzug, wenn er nicht innerhalb von 30 Tagen nach Fälligkeit und Zugang einer Rechnung ... leistet“, heißt es in dem im Jahr 2000 neu gefassten § 286 des Bürgerlichen Gesetzbuchs. Das heißt: Ist eine Rechnung mit dem Zahlungshinweis „sofort fällig“ 30 Tage nach ihrem Eintreffen nicht bezahlt, setzt das den Schuldner in Verzug. Ab diesem Zeitpunkt können Sie Verzugszinsen berechnen. Bei Privatkunden gilt die Besonderheit, dass sie in der Rechnung oder einer Mahnung auf die gesetzliche Verzugsregelung hingewiesen werden müssen. In der Praxis bewährt hat sich die Kombination aus Zahlungserinnerung und Mahnung. Führt dies nicht zum gewünschten Ergebnis, rufen Sie den Kunden an oder besuchen ihn. Schließen Sie notfalls eine Ratenzahlungsvereinbarung mit ihm ab. Lassen Sie sich dann aber auf keinen Fall immer weiter vertrösten.

Und wenn gar nichts hilft: Sobald der Kunde in Verzug geraten ist, können Sie einen gerichtlichen Mahnbescheid gegen ihn erwirken. Füllen Sie sorgfältig das entsprechende Formular aus – zu finden etwa auf der Webseite der deutschen Mahngerichte unter www.online-mahnantrag.de – und überweisen Sie die Mahnkosten. Bei bis zu 900 Euro Streitwert betragen diese 23 Euro. Nach einer rein formalen Prüfung, der Verzug wird also nicht inhaltlich hinterfragt, erhält der Schuldner vom zuständigen Gericht den Mahnbescheid. Widerspricht er innerhalb von 14 Tagen, so wissen Sie, woran Sie sind, und können entscheiden, ob Sie gerichtlich gegen ihn vorgehen wollen. Widerspricht er nicht, können Sie unmittelbar im Anschluss einen Vollstreckungsbescheid erwirken und diesen durch einen Gerichtsvollzieher durchsetzen lassen. Wenn Sie unsicher sind, ob der Schuldner überhaupt zahlen kann, ist es insbesondere bei kleineren Beträgen (bis etwa 150 Euro) sinnvoller, ein Inkassobüro zu beauftragen. Viele Inkassobüros arbeiten inzwischen erfolgsabhängig. Wenn auch sie nicht erreichen, dass der Schuldner zahlt, erhalten Sie zwar kein Geld, aber es entstehen Ihnen auch keine Kosten.

Ordentliche Ablage: So behalten Sie den Überblick

Wer bei der Ablage nachlässig ist, verpasst Möglichkeiten, Vorsteuer abzuziehen und Betriebsausgaben abzusetzen. Er übersieht leicht offene Rechnungen, mahnt viel zu spät und verliert bares Geld. Mit dem im Folgenden dargestellten System, das kinderleicht zu verstehen und umzusetzen ist, passiert Ihnen das nicht. Sie wissen immer genau, wohin ein Beleg gehört, können ihn sofort ablegen und jederzeit leicht wiederfinden. Besorgen Sie sich als Erstes vier Ordner und ein wenig Büromaterial: Trennstreifen, Heftstreifen, Monatsregister und zwei ABC-Register.

Der wichtigste Ordner: „Belege“

Im ersten Ordner legen Sie sämtliche Kontoauszüge und Belege ab. Das Grundprinzip dabei lautet: keine Buchung ohne Beleg. Das heißt nichts anderes, als dass jede Überweisung und Barzahlung durch eine Rechnung oder ein anderes Schriftstück nachzuvollziehen ist.

Nehmen Sie zwei Trennstreifen – also Pappstreifen, die über die abgehefteten Papiere hinausragen – und beschriften Sie sie mit „Offene Ausgangsrechnungen" und „Offene Eingangsrechnungen". Hinter den ersten Trennstreifen heften Sie Kopien aller Rechnungen, die Sie losschicken. Am besten drucken Sie sie immer gleich doppelt aus. Ordnen Sie die Rechnungen dabei umgekehrt chronologisch ein, die neueste Rechnung liegt oben. Das vereinfacht das Mahnwesen ganz erheblich. Hinter den Trennstreifen „Offene Eingangsrechnungen" heften Sie alle eingegangenen Rechnungen. So können Sie sich schnell einen Überblick verschaffen, was Sie Ihren Lieferanten schulden. Wenn Sie eine Rechnung überwiesen haben, notieren Sie sofort neben den Gesamtbetrag das entsprechende Datum: „angew. am ." So vermeiden Sie, dass Sie eine Rechnung zweimal zahlen.

Hinter die offenen Rechnungen legen Sie ein Monatsregister ein. Immer wenn Sie nun einen Kontoauszug abholen, heften Sie ihn unter dem entsprechenden Monat ab. Besteht der Auszug aus mehreren Blättern, gehört das Blatt mit der höchsten Seitenzahl nach oben. Sobald Sie eine Rechnung bezahlt haben oder die Überweisung eines Kunden eingegangen ist, wenn also der entsprechende Betrag auf dem Kontoauszug erscheint, wandern die offenen Rechnungen aus dem vorderen Teil des Ordners hinter den Kontoauszug mit der Zahlung.

Auf einem Heftstreifen sammeln Sie alle Belege für Barzahlungen – sowohl Einnahmen als auch Ausgaben. Die Kassenbelege sortieren Sie chronologisch, hier liegt ebenfalls der neueste Beleg oben. Diese Sammlung heften Sie dann im jeweiligen Monatsregister ganz unten ab. Am besten gewöhnen Sie sich an, immer wenn Sie in Ihr Büro kommen, Ihren Geldbeutel auszuräumen und sämtliche geschäftlichen Kassenbons und Quittungen sofort abzuheften.

Weitere Ordner: Verträge, Kunden, Finanzamt

Im Ordner „Verträge" legen Sie alle Verträge ab, die Sie abschließen, darunter beispielsweise die für Abos, Bankkonten, Büromiete, Handy, Festnetz, Versicherungen und auch Verträge mit freien Mitarbeitern. Verwenden Sie ein ABC-Register und zusätzlich Trennstreifen zur Unterteilung. Damit Sie keine

Kündigungstermine verpassen, ist es empfehlenswert, sich diese in Ihren Terminkalender einzutragen. Wenn Sie zum Beispiel die monatliche Büromiete überweisen, brauchen Sie im „Belege"-Ordner übrigens nichts abzuheften. Solche „Dauerschuldverhältnisse" sind ja durch den Vertrag geregelt.

Schließen Sie nicht nur mit Ihren Lieferanten, sondern auch mit Kunden häufiger Verträge ab, so ist es sinnvoll, einen eigenen „Kunden"-Ordner anzulegen, ebenfalls mit ABC-Register und Trennstreifen zur Unterteilung. Hier können Sie wichtige Korrespondenz abheften, beispielsweise Gesprächsprotokolle, Angebote und Auftragsbestätigungen. Anstelle eines Ordners kann hierfür auch ein Hängeregister sinnvoll sein, je nachdem wie umfangreich Ihre Unterlagen jeweils sind.

Legen Sie darüber hinaus einen Ordner „Finanzamt und Steuerberater" an, in dem Sie die entsprechende Korrespondenz ablegen. Hier heften Sie die Steuererklärungen und -bescheide für die zurückliegenden Jahre ab. Außerdem gehören die Unterlagen hinein, die Sie für den nächsten Jahresabschluss benötigen, etwa Steuerbescheinigungen von Versicherungen und Banken oder eine Übersicht über Ihre Reisekosten.

Gut zu wissen

WELCHE AUFBEWAHRUNGSFRISTEN GELTEN?

Alle Belege, Buchungsunterlagen, Jahresabschlüsse und ähnliche Unterlagen müssen Sie zehn Jahre lang aufbewahren. Gerechnet wird immer ab dem Jahresende: Die Belege des Jahres 2016 müssen Sie also bis Ende 2026 aufbewahren. Für empfangene und versendete Geschäftsbriefe gilt eine Aufbewahrungsfrist von sechs Jahren.

Was ist bei der Umsatzsteuervoranmeldung zu beachten?

Sie erheben gegenüber Ihren Kunden Umsatzsteuer und haben sich nicht für die Kleinunternehmerregelung entschieden? Dann müssen Sie im Jahr der

Gründung und im darauffolgenden Kalenderjahr monatlich Ihre Umsatzsteuer voranmelden. Diese Meldung müssen Sie elektronisch – zum Beispiel über das Elster-Portal – beim Finanzamt abgeben, und zwar jeweils bis zum 10. des Folgemonats. Beantragen Sie unbedingt eine sogenannte Dauerfristverlängerung, das gibt Ihnen einen Monat mehr Zeit, bis Sie die Voranmeldungen abgeben müssen. Am besten erteilen Sie dem Finanzamt speziell für die Umsatzsteuervorauszahlungen eine Lastschrifteinzugsermächtigung, ansonsten muss bis zum Stichtag nicht nur die Meldung erfolgt sein, sondern auch das überwiesene Geld angekommen sein.

Und so ermitteln Sie die zu meldenden Daten: Wenn Sie Ihre Ablage nach dem oben beschriebenen System organisiert haben, finden Sie alle nötigen Informationen im Ordner „Belege" unter dem Monat, für den Sie die Meldung abgeben müssen. Addieren Sie zunächst die erzielten Netto-Umsätze. Falls Sie sowohl Leistungen mit sieben als auch mit 19 Prozent Umsatzsteuer in Rechnung gestellt haben, müssen Sie zwei getrennte Summen bilden. Gehen Sie dann alle betrieblichen Ausgaben durch und zählen Sie die enthaltenen Umsatzsteuerbeträge zusammen. Hier brauchen Sie nicht nach Umsatzsteuersatz zu differenzieren. Die ermittelten Beträge tragen Sie nun in das Elster-Portal ein. Hier wird dann die Differenz aus der erhaltenen und bezahlten Umsatzsteuer berechnet. Ist das Ergebnis positiv, so schulden Sie den entsprechenden Betrag dem Finanzamt. Bei einem negativen Saldo erhalten Sie die zu viel bezahlte Umsatzsteuer vom Finanzamt erstattet. Gerade in der Anfangszeit, wenn Sie in den Aufbau des Geschäfts investieren, oder wenn die Auftragssituation einmal flau ist, kann das durchaus vorkommen.

Bei Teilzeit-Selbstständigen dürfte sich im Rahmen der ersten Steuererklärung oft herausstellen, dass sie weniger als 7.500 Euro Umsatzsteuer pro Jahr eingenommen haben. In diesem Fall teilt das Finanzamt ihnen mit, dass sie ab Beginn des folgenden Geschäftsjahres die Voranmeldungen nur noch quartalsweise einreichen müssen. Wurden weniger als 1.000 Euro Umsatzsteuer pro Jahr vereinnahmt, verzichtet das Finanzamt sogar ganz auf unterjährige Meldungen.

Und was gilt für die jährliche Steuererklärung?

Als Selbstständiger müssen Sie bis Ende Mai des Folgejahres Ihren Gewinn ermitteln. Bei kleinen Unternehmen geschieht dies durch die Einnahmen-Überschuss-Rechnung: Dazu zählen Sie alle Betriebseinnahmen zusammen und ziehen von diesem Betrag alle Betriebsausgaben ab. Für teurere Anschaffungen, die Sie über mehrere Jahre nutzen, etwa einen Pkw oder einen Computer, gelten andere Regeln: Sie schreiben sie entsprechend einer von der Finanzverwaltung vorgegebenen, typisierten Nutzungsdauer („AfA-Dauer") über mehrere Jahre ab. Das heißt, dass Sie diese Ausgaben auf mehrere Jahre aufteilen, sodass sie auch später noch den zu versteuernden Gewinn mindern. Das ist oft zum Vorteil der Selbstständigen, denn im Gründungsjahr erzielen sie meist ohnehin noch keine hohen Überschüsse.

Für die Einnahmen-Überschuss-Rechnung hält das Finanzamt ein eigenes Formular bereit, in das bestimmte Ausgabenkategorien, zum Beispiel Bewirtungen, getrennt einzutragen sind. Auch für die abzuschreibenden Anlagen gibt es ein eigenes Formular. Diese beiden ausgefüllten Vordrucke reichen Sie beim Finanzamt ein. Es ist keineswegs nötig, dass Sie Ihre Buchhaltungsordner vorlegen. Allerdings kann das Finanzamt auch Jahre später noch eine Prüfung bei Ihnen durchführen und kontrollieren, ob Ihre Buchhaltung vollständig und nachvollziehbar ist und die von Ihnen angegebenen Einnahmen und Ausgaben korrekt sind. Wenn sich im Nachhinein herausstellt, dass Ihnen – ob nun absichtlich oder nicht – Fehler unterlaufen sind, kann es zu hohen Steuernachzahlungen kommen.

Der im Jahresabschluss ermittelte Gewinn ist bei Teilzeit-Selbstständigen häufig nur eine von mehreren Einnahmequellen: Sie erzielen zusätzlich Einkommen aus nichtselbstständiger Tätigkeit, für das der Arbeitgeber im Rahmen der monatlichen Abrechnungen bereits Lohnsteuer abgeführt hat, haben eine Abfindung erhalten, Arbeitslosengeld und Gründungszuschuss bezogen, darüber hinaus vielleicht noch Bafög, Renten oder Kapitaleinkünfte und Mieteinnahmen bekommen. Entsprechend kompliziert kann die Steuererklärung werden. Für die unterschiedlichen Einnahmearten sind diverse Zuatzformulare als Anlage zur Steuererklärung auszufüllen.

Gut zu wissen

BRAUCHE ICH EINEN STEUERBERATER?

Viele Selbstständige lassen bereits die Umsatzsteuervoranmeldung von einem Steuerberater anfertigen, obwohl das ganz einfach zu erlernen ist. Wenn Sie aber mit Zahlen und kaufmännischer Organisation auf dem Kriegsfuß stehen, gönnen Sie sich den Luxus und beauftragen Sie von Anfang an einen Steuerberater. Das wird Ihnen viel Ärger mit dem Finanzamt ersparen. Und zumindest am Ende des ersten Jahres Ihrer Selbstständigkeit sollten Sie die Hilfe eines Steuerberaters in Anspruch nehmen. Wenn Sie das System durchschauen und sich von Jahr zu Jahr wenig ändert, können Sie dann später die Steuererklärung selbst anfertigen.

Wie viel und welche Steuern muss ich zahlen?

Auf die Einkünfte aus selbstständiger Tätigkeit fallen verschiedene Arten von Steuern an. Verschaffen Sie sich einen Überblick darüber und bilden Sie von Anfang an ausreichende Rücklagen, denn mit dem ersten Steuerbescheid kommen auf erfolgreiche Gründer oft erhebliche Nachforderungen zu. Wenn Sie nicht schon Vorauszahlungen auf die Einkommensteuer geleistet haben, müssen Sie dann die Steuern auf einen Schlag bezahlen – und nicht nur für das Jahr, um das es im Steuerbescheid geht, sondern auch in gleicher Höhe für die Folgejahre bis zum aktuellen Quartal.

Einkommensteuer

Die wichtigste Steuerart ist die Einkommensteuer. Sie erhöht sich um den Solidaritätszuschlag (5,5 Prozent der Einkommensteuer) und gegebenenfalls um die Kirchensteuer (je nach Bundesland acht oder neun Prozent). Der Einkommensteuer unterliegen nicht nur Ihre selbstständigen Einkünfte (Gewinn), sondern beispielsweise auch nichtselbstständige Einkünfte und Mieteinnahmen. Wenn Sie verheiratet sind, müssen Sie die Einkommen beider

Ehepartner zusammenrechnen, dafür gilt beim Errechnen der Steuerlast anstelle des Grundtarifs der Splittingtarif. Um die Höhe der Einkommensteuer und somit der nötigen Rücklagen einschätzen zu können, schätzen Sie die Summe Ihrer Einkünfte und geben Sie sie in einen Steuerrechner ein (zum Beispiel unter www.jeder-ist-unternehmer.de/steuerrechner). Aus der sich ergebenden Gesamtsteuerbelastung können Sie die Differenz errechnen, die noch nicht durch die bisher bezahlte Lohnsteuer abgedeckt ist. Außerdem können Sie Ihren Durchschnittssteuersatz ermitteln.

Bilden Sie nicht nur Rücklagen für die Einkommensteuer, sondern auch für Nachforderungen der Kranken- und Pflegeversicherung, falls deren Beiträge auf einer zu niedrigen Einnahmeschätzung beruhen. Alternativ können Sie Finanzamt und Krankenkasse auch über Ihre veränderte Einkommenserwartung informieren, die Vorauszahlungen erhöhen sich dann entsprechend.

Tipp

BESONDERHEITEN BEI DER BESTEUERUNG

Beachten Sie folgende Besonderheiten, wenn Sie Ihre Einkünfte in einen Steuerrechner eingeben: Abfindungen gehören zu den „außerordentlichen Einkünften" und beziehen sich auf eine mehrjährige Tätigkeit. Sie werden nach der sogenannten Fünftelregelung besteuert (§ 34 Einkommensteuergesetz). Beim Arbeitslosengeld I handelt es sich um eine Einkommensersatzleistung. Diese ist zwar steuerfrei, das zusätzliche Einkommen wird aber so behandelt, als habe man das Arbeitslosengeld I bereits zum niedrigeren Steuersatz versteuert. Das zusätzliche Einkommen wird dadurch mit einem höheren Steuersatz besteuert, es greift der sogenannte Progressionsvorbehalt (§ 32b EStG). Zuschüsse wie den Gründungszuschuss können Sie bei der Steuerberechnung ganz außen vor lassen, sie sind steuerfrei und unterliegen nicht einmal dem Progressionsvorbehalt.

Umsatzsteuer

Im Rahmen Ihrer Steuererklärung müssen Sie auch eine Umsatzsteuerjahreserklärung abgeben. Es sollten sich hier keine hohen Nachzahlungen ergeben, wenn Sie Ihre monatlichen Voranmeldungen korrekt ausgefüllt haben.

Gewerbesteuer

Die Gewerbesteuer fällt nur bei gewerblichen Unternehmen an, nicht bei Freiberuflern. Einzelunternehmen und GbRs profitieren von dem Freibetrag in Höhe von 24.500 Euro, lediglich der darüber hinausgehende Gewinn aus gewerblicher Tätigkeit unterliegt der Gewerbesteuer. Wenn Sie eine GmbH oder UG (haftungsbeschränkt) gründen, müssen Sie Gewerbesteuer ab dem ersten Euro Gewinn zahlen. Dafür mindert sich der Gewinn bei einer solchen Kapitalgesellschaft um das Geschäftsführergehalt, das Sie sich selbst zahlen und das gewerbesteuerfrei ist. Bei GmbHs und UGs fällt auf den Gewinn zusätzlich Körperschaftsteuer an.

„Liebhaberei“ kann teuer werden

Wenn Sie ständig Verluste einfahren, kann das Finanzamt den Nebenberuf als „Liebhaberei“ bewerten, Ihnen also eine fehlende Gewinnerzielungsabsicht unterstellen.

Die Folgen, falls Liebhaberei festgestellt wird: Sie können die Ausgaben, die sich aus der betreffenden Tätigkeit ergeben, nicht mehr in der Steuererklärung geltend machen. Wenn Steuerbescheide aus der Vergangenheit noch nicht rechtskräftig sind, kann es sogar passieren, dass Ihnen die Verluste der vergangenen Jahre nachträglich aberkannt werden. Dies wiederum kann zu hohen Einkommensteuernachzahlungen führen.

Eindeutige Regeln dafür, wann eine Tätigkeit einfach nicht erfolgreich und wann sie Liebhaberei ist, gibt es nicht. In den ersten Jahren Ihrer Selbstständigkeit brauchen Sie keine steuerrechtlichen Konsequenzen zu befürchten,

Beispiel

VERDACHTSFÄLLE

- Ein Briefmarkenhändler kauft fast immer mehr Briefmarken als er verkauft.
- Ein Reisejournalist versucht, die Kosten für seine Reisen abzusetzen. Er verdient aber nicht einmal einen Bruchteil der Flugkosten mit seinen Texten über ferne Länder.
- Eine Näherin gibt regelmäßig weit mehr Geld für neue Stoffe und ihr Atelier aus, als sie durch Aufträge einnimmt.

wenn Sie Verluste einfahren. Das gilt ebenfalls, wenn die Gewinne nur vorübergehend ausbleiben. Anstrengungen, dass Sie in Zukunft Gewinne erzielen werden, sollten aber auf jeden Fall erkennbar sein. Anders sieht es aus, wenn Sie Ihren Lebensunterhalt durch andere Einkünfte bestreiten und Ihre verlustbringende Tätigkeit auf Dauer weder aufgeben noch anders organisieren. Dann kann Ihnen das Finanzamt unterstellen, dass Sie die Tätigkeit nicht in erster Linie betreiben, um Einkommen zu erzielen, sondern als persönliches Vergnügen. Da es sich dann um privat veranlasste Ausgaben handelt, könnten Sie diese nicht länger steuermindernd geltend machen.

Kapitel 9

Gut organisiert: Tipps für Ihren Arbeitsalltag

Als Teilzeit-Selbstständiger müssen Sie in der Regel gut haushalten mit Ihrem Geld, dem Arbeitsraum und Ihrer Arbeitszeit. Und oft müssen Sie sich auf Knopfdruck motivieren, weil Sie nur wenig Spielraum haben, um Ihre Aufträge zu erledigen. In diesem Kapitel geben wir Ihnen Tipps, wie Ihnen das alles gut gelingt.

Arbeiten von zuhause aus: Ihr Homeoffice

Wenn Sie in geringem Umfang arbeiten, dürfte ein Homeoffice die bequemste und billigste Lösung für Sie sein. Ein Arbeitszimmer oder zumindest ein Schreibtisch ist meist schon vorhanden, ebenso Telefon und Internetzugang. Ihnen entstehen also keine zusätzlichen Kosten, in der Regel können Sie sogar einen Teil der Miete und der Telefonrechnung als Betriebsausgaben geltend machen. So bleibt Ihnen möglichst viel Gewinn aus Ihrem Unternehmen.

Allerdings erfordert es viel Disziplin, in den eigenen vier Wänden zu arbeiten. Haushalt und Familie bieten vielfältige Ablenkungsmöglichkeiten. Stellen Sie daher auf jeden Fall Regeln auf, die sowohl für Ihre Mitbewohner als auch für Sie selbst gelten: Nehmen Sie sich und Ihre Arbeit ernst – und verlangen Sie diesen Respekt von Ihren Mitmenschen. Dazu gehört es, bestimmte Kernarbeitszeiten festzulegen, in denen Sie keinesfalls gestört werden dürfen. Vereinbaren Sie, dass Ihr Arbeitszimmer ein geschützter Ort ist, an dem Sie ohne Unterbrechung arbeiten und in Ruhe mit Ihren Kunden telefonieren können. Achten Sie auch darauf, dass Sie einerseits Privates nicht in Ihren Arbeitsbereich dringen lassen und andererseits Berufliches nicht im Wohnbereich erledigen. Sonst besteht die Gefahr, dass Sie sich nicht auf die Arbeit konzentrieren können und nach Feierabend nicht zur Ruhe kommen.

Tipp

FEIERABEND!

Auch wenn dieser Tipp zunächst absurd klingen mag, er ist ungemein wirkungsvoll: Wenn Sie es nicht schaffen, nach geleisteter Arbeit abzuschalten, und immer wieder zum Schreibtisch zurückkehren, dann schließen Sie Ihr Arbeitszimmer für den Rest des Tages ab.

Durch Regeln und Rituale schaffen Sie sich nicht nur Freiräume, sondern sichern sich auch die Wertschätzung der Menschen in Ihrer Umgebung für Ihre Arbeit. Manche Heimarbeiter sind beispielsweise überzeugt davon, dass sie professioneller an die Arbeit herangehen, wenn sie nicht im Schlafanzug arbeiten, sondern im heimischen Büro ordentliche Berufskleidung tragen. Finden Sie am besten selbst heraus, was Ihnen hilft und was Ihnen bei Ihrer Arbeit guttut.

Wer im Homeoffice arbeitet, hat es manchmal nicht nur mit zu viel Ablenkung zu tun. Zu wenige menschliche Kontakte können ebenfalls zum Problem werden. Wer den ganzen Tag nicht rauskommt, fühlt sich bald isoliert, denn Kontakte per E-Mail oder Telefon sind nur ein unzureichender Ersatz für ein Mittagessen mit Kollegen. Wenn Sie zum Beispiel einen Partner haben, der tagsüber zur Arbeit geht, werden Sie sich als „Heimarbeiter" ganz besonders auf seine Rückkehr freuen, ihn aber vielleicht auch überfordern: Ihr Partner will sich ausruhen, während Sie ungeheuren Redebedarf haben und am liebsten noch weggehen möchten. Um das zu vermeiden, vereinbaren Sie regelmäßig Treffen, die außerhalb der Wohnung stattfinden: Besuche bei Kunden, Besprechungen mit Kooperationspartnern oder eben auch mal ein Mittagessen mit einem Bekannten, Freund oder „Kollegen".

Was aber, wenn Ihr Kunde bei Ihnen im Büro vorbeischauen möchte und Sie ihm nicht sagen wollen, dass Sie im Homeoffice arbeiten? Dann versuchen Sie, den Spieß umzudrehen. Bieten Sie ihm an, dass Sie zu ihm kommen, Sie seien ohnehin in der Nähe. Oder Sie schlagen als Treffpunkt ein Café vor oder verabreden sich zum Geschäftsessen. Verkünsteln Sie sich aber nicht allzu sehr damit zu verbergen, dass Sie von zuhause aus arbeiten. In vielen Branchen, etwa im IT-Bereich oder für Mitglieder der schreibenden Zunft, ist es ganz normal, kein externes Büro zu haben. Für eine gute Zusammenarbeit ist am Ende doch allein Ihre Leistung ausschlaggebend.

Wie ist die rechtliche Lage beim Arbeiten von zuhause aus?

Gerade als Selbstständiger in Teilzeit bringt Ihnen die Arbeit im Homeoffice viele Vorteile, doch Sie können Ärger bekommen, wenn Sie Ihre Tätigkeit nicht mit Ihrem Vermieter absprechen. Ein Urteil des Bundesgerichtshofs schreibt Mietern vor, dass sie um Erlaubnis fragen müssen, wenn sie ein Gewerbe in der eigenen Wohnung starten wollen. Wenn die Wohnung durch die berufliche Tätigkeit intensiver genutzt wird als durch privates Wohnen, muss der Eigentümer der selbstständigen Tätigkeit zustimmen. Werkeln Sie hingegen als Autor, Softwareentwickler oder Makler still in den eigenen vier Wänden vor sich hin, dürften Sie keine Schwierigkeiten haben, grünes Licht zu bekommen. Sobald jedoch außerhalb der Wohnung spürbar wird, dass Sie zuhause arbeiten – wenn also die Nachbarn etwas mitbekommen –, dürfen Vermieter die Heimarbeit verbieten.

Holen Sie als Mieter daher besser die Erlaubnis des Eigentümers ein, wenn Sie unsicher sind, ob Ihr Gewerbe oder Ihre selbstständige Tätigkeit mit den Gepflogenheiten im Haus vereinbar ist. Ein Ebay-Versandhandel zum Beispiel, der dazu führt, dass sich regelmäßig Päckchen im Gemeinschaftshausflur stapeln, dürfte die Nerven der Nachbarn arg strapazieren. Auch wenn ständig Boten von Expressdiensten beim Nachbarn klingeln, um Post für Sie zu hinterlegen, dürfte das zusehends lästig werden. Die Nachbarn werden sicher ebenfalls protestieren, falls regelmäßig große Gruppen von Kunden ins Haus kommen. Vertretbar ist es dem Mieterbund zufolge, wenn drei bis fünf Kunden pro Tag im heimischen Büro vorsprechen. Übrigens gelten auch für Tagesmütter Grenzen: Das Landgericht Hamburg hat entschieden, dass eine Mieterin mit eigenem Kind bei einer Wohnfläche von bis zu 90 Quadratmetern bis zu drei fremde Kleinkinder betreuen darf – mehr nicht.

Für Lärm gelten ebenfalls Beschränkungen: Eine Fahrradwerkstatt in der Mietwohnung würde eher nicht toleriert werden und auch Musikunterricht darf nicht ausufern. Dem Mieterbund zufolge ist Musizieren in einer Mietwohnung grundsätzlich erlaubt, doch sollte dies höchstens zweimal drei Stunden pro Woche geschehen.

Generell empfiehlt es sich, ein offenes und harmonisches Verhältnis zu den Nachbarn zu pflegen – dann sind sie Ihnen auch wohlgesinnt. Doch spätestens, wenn sich ein Mieter belästigt fühlt und deshalb eine Mietminderung vornimmt, sind Probleme mit dem Vermieter programmiert. Auf der sicheren Seite sind Sie, wenn Sie sich die berufliche Nutzung der Wohnung bereits genehmigen lassen, wenn Sie den Mietvertrag unterzeichnen. Denn wenn eine schriftliche Erlaubnis vorliegt, sind Sie aus dem Schneider – sofern Sie ansonsten die Hausordnung befolgen.

Tipp

COWORKING

Ihnen fällt im Homeoffice die Decke auf den Kopf, doch weil Sie Teilzeit arbeiten, rentiert es sich nicht, ein eigenes Büro zu unterhalten? Vielleicht ist es dann eine Option für Sie, sich in einem Coworking-Space einzumieten. Bei dieser Art zu arbeiten, die mittlerweile in fast jeder größeren deutschen Stadt angeboten wird, können Sie in einem Großraumbüro Schreibtische tage- oder monatsweise anmieten – inklusive Strom, WLAN, Drucker, Konferenzraum und Kaffeemaschine. Von der klassischen Bürogemeinschaft unterscheidet sie sich in einem wesentlichen Punkt: In Coworking-Spaces mieten Selbstständige einen Schreibtisch nur für die Zeit, für die sie ihn tatsächlich brauchen. Wenn Sie beispielsweise mittwochs und freitags einen Arbeitsplatz benötigen, weil Sie ansonsten studieren oder auf Ihr Kind aufpassen, müssen Sie auch nur für diese zwei Tage Büromiete zahlen. Oft ist sogar eine stundenweise Anmietung möglich.

Ausstattung mit Augenmaß

Sie haben in Ihrer Wohnung einen Arbeitsplatz geschaffen, der Computer samt Zubehör steht dort und das Telefon ist in Reichweite? Dann ist es an der Zeit, sich um die Geschäftsausstattung zu kümmern. Was genau Sie für einen professionellen Auftritt nach außen brauchen, hängt von der Art Ihrer Tätigkeit ab.

Logo

Das Firmenlogo ist vielleicht das Erste, was Ihre künftigen Kunden von Ihnen wahrnehmen, eventuell wird es sogar zum Gesicht Ihrer Firma. Weil es eine derart wichtige Rolle spielen kann, gilt hier: Sparen Sie nicht an der falschen Stelle! Statt selbst ein Logo zu gestalten, sollten Sie auf jeden Fall einen Fachmann beauftragen. Einen guten Grafiker finden Sie, indem Sie bei anderen

Selbstständigen nachfragen, deren Visitenkarten Ihnen gefallen. Wenn Sie ein klares Briefing geben und auf mehrfache Überarbeitungen verzichten, kann ein Grafiker in wenigen Stunden ein passendes Logo entwerfen. Sie wären tage- oder wochenlang beschäftigt – und trotzdem würde das Ergebnis wahrscheinlich bei Weitem nicht so professionell wirken.

Wichtig ist, dass sich das Logo schnell einprägt und leicht wiedererkannt wird. Das funktioniert am besten mit einer Kombination aus Schrift und Bild. Wenn sich Ihr Name, ein Namensbestandteil oder Ihr Beruf bildhaft darstellen lassen, wird der Grafiker einen entsprechenden Entwurf machen. Das Logo sollte gut lesbar sein, selbst wenn es in Schwarz-Weiß, stark verkleinert oder vergrößert gedruckt wird. Testen Sie auch, ob es nach dem Kopieren und Faxen deutlich erkennbar ist.

Tipp

WAS IST BEIM LOGO ZU BEACHTEN?

Lassen Sie sich das Logo vom Grafiker immer in einer farbigen und in einer Schwarz-Weiß-Variante übergeben, so können Sie jederzeit frei damit arbeiten. Zudem sollte es sich um eine Vektorgrafik handeln, die Sie ohne Qualitätsverlust in unterschiedlichste Größen bringen können. Lassen Sie sich vom Grafiker schriftlich zusichern, dass Sie das Logo nutzen können, ohne weitere Gebühren zahlen zu müssen. Am besten weisen Sie schon auf Ihre Wünsche hin, wenn Sie den Auftrag vergeben.

Visitenkarten

Der Einsatz von Visitenkarten ist immer dann sinnvoll, wenn Sie potenzielle Kunden kennenlernen können – also brauchen Sie sie möglicherweise schon, bevor Sie Ihre Selbstständigkeit aufnehmen. Zu Anfang reicht vielleicht sogar eine Visitenkarte von Billiganbietern aus dem Internet aus, aber grundsätzlich gilt auch hier: Sparen Sie nicht an der falschen Stelle. Sehen Sie von selbst gedruckten und kopierten Karten ab. Ein professionell gestaltetes Logo sowie gute Druck- und Papierqualität sind für jedermann sofort erkennbar. Bedenken Sie bei der Gestaltung Ihrer Visitenkarten auch, dass oft schon ein kleines Detail genügt, um sich von Ihren Wettbewerbern abzuheben: Sie können die Visitenkarte in einem größeren Format, im Hoch- statt im Querformat oder auf eine Klappkarte drucken lassen – oder statt Papier ein anderes Material verwenden. Für Berater, Trainer, medizinische und andere persönliche Dienstleister kann ein gelungenes Foto wirksamer sein als das beste Logo. Probieren Sie es einfach aus! Die meisten Menschen, denen Sie eine gut gestaltete Karte überreichen, werden jedenfalls unwillkürlich Rückschlüsse auf Ihre Professionalität ziehen.

Auch wenn Sie Ihre Visitenkarte vom Grafiker gestalten lassen, muss der Druck nicht teuer sein. Eine Vielzahl von Anbietern konkurriert über das Internet. Lesen Sie jedoch immer das Kleingedruckte, bevor Sie einen Auftrag absenden; prüfen Sie zum Beispiel, ob zusätzliche Porto- und Nachnahmegebühren anfallen. Bei der Auftragsvergabe sind folgende Details zu beachten:

- Größe: standardmäßig 85 x 55 Millimeter.
- Papier: Während normales Papier meist 80 Gramm/Quadratmeter wiegt, sollten Sie für Ihre Visitenkarte mindestens ein Gewicht von 180 Gramm wählen, besser 240 bis 300 Gramm.
- Papierart: Es gibt unter anderem glänzendes, satiniertes, hochweißes, gelbliches, gehämmertes und gestrichenes Papier, die Palette ist groß. Am besten lassen Sie sich ein Probeset zur Ansicht schicken oder eine Papierart empfehlen.
- Farbe: „1/0“ bedeutet, dass die Visitenkarte einseitig schwarz bedruckt wird, wobei alle Grauabstufungen möglich sind. Bei „2/0“ kommt eine Zusatzfarbe hinzu, „4/1“ bedeutet, dass die Vorderseite farbig, die Rückseite schwarz bedruckt wird.
- Menge: Die Mindestmenge liegt in der Regel bei 250 oder 500 Stück. Für die doppelte Menge müssen Sie oft nur 20 Prozent mehr bezahlen. Doch da sich gerade am Anfang Adressen und Telefonnummern schnell mal ändern können, sollten Sie nicht mehr Karten bestellen, als Sie in einem Jahr verteilen werden.

Informieren Sie sich vorab, welche Dateiformate die gewählte Druckerei akzeptiert, und stimmen Sie dies mit Ihrem Grafiker ab. Natürlich können Sie diesen Arbeitsschritt auch dem Grafiker übertragen, verschaffen Sie sich aber zumindest einen Überblick über das Preisgefüge. Achtung: Wenn Sie sehen wollen, wie die ausgesuchten Farben nach dem Drucken tatsächlich aussehen, fordern Sie bei der Druckerei einen Proof an, der Ihnen per Post geschickt wird.

Flyer, Briefpapier und mehr: Was Sie wirklich brauchen

Logo und Visitenkarte gehören zur Grundausstattung – aber brauchen Sie wirklich Flyer, Briefpapier, Faxvorlagen, Kuverts, Stempel und anderes mehr? Keine Frage: Ein Erscheinungsbild aus einem Guss wirkt professionell und bedrucktes Briefpapier spricht für Seriosität. Hingegen ist eine gut gemachte Word-Vorlage für Briefe und Faxe bequemer zu handhaben als Briefpapier, das erst manuell in den Drucker eingelegt werden muss.

Bevor Sie sich überausstatten, überlegen Sie genau, was Sie wirklich brauchen: Bei welchen Gelegenheiten kommunizieren Sie mit Kunden oder Interessenten? Geht das persönlich, per E-Mail, Web, Fax oder Post vor sich? Welche grafisch gestalteten Medien – seien es Dateien oder Drucksachen – wollen Sie bei Ihrer Kommunikation nach außen einsetzen? Verwenden Sie Drucksachen am besten gezielt dort, wo sie den größten Nutzen bringen. Verzichten Sie dabei auf Angaben, die sich schnell ändern können, damit diese Materialien nicht so rasch veralten. Lassen Sie auf Ihr Briefpapier also zum Beispiel nur das Logo drucken, Angaben wie die Adresse oder Ihre Bankverbindung ergänzen Sie selbst.

„Ich bin drin“: die Webseite

Auch wenn Sie in kleinem Umfang selbstständig arbeiten, ist es sinnvoll, eine eigene Webseite zu betreiben. Eine Internetpräsenz mit einfacher Navigation ohne Untermenüpunkte ist leicht zu pflegen, nicht zu teuer und genügt in der

Regel. Selbstständigen, die Ihr Angebot nicht im Internet präsentieren, droht die Gefahr, dass sie erst gar nicht als potenzielle Partner berücksichtigt, sondern gleich von der Liste gestrichen werden – weil sie unauffindbar sind. Beachten Sie, dass zu einem professionellen Auftritt sowohl eine Firmen-E-Mail-Adresse als auch eine eigene Domain gehören.

Bevor Sie Kontakt zu einem Webdesigner oder Grafiker mit entsprechender Erfahrung aufnehmen, denken Sie gut über die Inhalte, die Sie ins Netz stellen wollen, und über die Navigation nach. Denn dann können Sie dem Profi, den Sie beauftragen, genau sagen, was Sie wollen. Wenn Sie so vorgehen ersparen Sie sich Rückfragen, Überarbeitungen und am Ende bares Geld. Für die Webseite gilt wie fürs Logo: Überlassen Sie die grafische Gestaltung einem Fachmann.

Tipp

WENN SIE MIT EINEM EINFACHEN BLOG STARTEN WOLLEN

Melden Sie bei www.wordpress.com eine kostenlose, werbefreie Blogseite an, wenn Sie zunächst ein Blog einrichten wollen. Das ist fast so einfach, wie einen Gratis-Mail-Account anzufordern. Sie brauchen keine Software zu installieren, Ihre Texte und Bilder können Sie unmittelbar online eingeben. Wählen Sie unter den angebotenen Designs das passendste aus, reservieren Sie die Domain Ihrer Wahl und verlinken Sie sie auf Ihr Blog. Später können Sie dann einen Grafiker engagieren, der Ihre Webseite individuell gestaltet oder mit den vorgegebenen Inhalten und anderer Technik eine neue Seite aufbaut. Da die Inhalte dann schon genau feststehen, kann er dies mit wenig Aufwand tun.

Das Zeitmanagement fest im Griff

Da Sie Ihr Unternehmen nebenher betreiben, müssen Sie mehr als andere auf Ihre kostbare Zeit achten und sie effektiv nutzen. 57 Prozent der Nebenerwerbsgründer halten gute Organisationsfähigkeit und 52 Prozent gutes

Zeitmanagement sogar für erfolgsentscheidend, wie die Studie „Beweggründe und Erfolgsfaktoren bei Gründungen im Nebenerwerb" der Universität Trier (2013) belegt. Uns haben viele Teilzeit-Selbstständige berichtet, dass ihnen sehr bewusst ist, wie wertvoll jede einzelne Arbeitsstunde ist, und dass sie deshalb sehr produktiv sind. Wie auch Sie das schaffen, erfahren Sie im Folgenden.

Legen Sie feste Arbeitszeiten fest

Die Grundlage für konzentriertes Arbeiten ist, dass es feste Arbeitszeiten gibt, in denen Sie wirklich ungestört sind. Damit Sie effektiv arbeiten können, müssen Ihre Kinder in diesen Stunden betreut sein, der Ehepartner sollte nicht im selben Raum fernsehen und die Mitbewohner sollten keine Partys im Nebenzimmer feiern. Legen Sie möglichst Kernarbeitszeiten fest. Wie Sie diese gestalten – also ob Sie jeden Vormittag von 9.00 bis 13.00 Uhr arbeiten oder montags von 15.00 bis 17.00 Uhr, dienstags ganztags, mittwochs wieder nur von 15.00 bis 17.00 Uhr –, bleibt Ihnen überlassen. Die Hauptsache ist, dass Sie sich in dieser Zeit nur Ihrer Arbeit und keinem anderen Lebensbereich widmen. Halten Sie auch im Homeoffice Beruf und Privatleben auseinander und trennen Sie Ihre verschiedenen Berufe, das Studium oder andere Hauptaufgaben so, als gingen Sie für die Zeit der Selbstständigkeit in ein Büro und kämen nach erledigter Arbeit zurück.

Gute Planung mit Kalender und Aufgabenliste

Sie wissen genau, wann Sie Zeit für Ihre Selbstständigkeit haben – nun geht es darum, diese Stunden effektiv zu nutzen. Die wichtigsten Hilfsmittel für Ihre Planung sind Kalender und Aufgabenliste. Ob Sie diese auf Papier oder im Computer anlegen wollen, entscheiden Sie selbst. Halten Sie die Planung in jedem Fall so einfach und übersichtlich wie möglich, formulieren Sie Termine und To-dos knapp und handlungsorientiert. Je mehr Spalten Sie in einer Liste ausfüllen und je öfter Sie Einträge abschreiben und übertragen müssen, umso schneller werden Sie Ihr System wieder aufgeben. Im Idealfall aber wird es Ihr täglicher Begleiter.

Termine und zeitliche Verfügbarkeit

Tragen Sie jeden Termin, den Sie vereinbaren, sofort in Ihren Kalender ein – egal ob es dabei um eine private oder berufliche Verpflichtung geht. Falls Sie einen Terminkonflikt feststellen, können Sie sofort reagieren. Wenn Sie mit einem elektronischen Kalender arbeiten, können Sie auch gleich einstellen, ob und wie lange vorher Sie an einen Termin erinnert werden wollen. Zögern Sie nicht, auch Telefontermine auszumachen. Denn damit stellen Sie sicher, dass Sie und Ihr Gesprächspartner ungestört und ohne Zeitdruck sprechen können. Blocken Sie zudem Zeiträume für sich selbst, zum Beispiel wenn Sie in Ruhe eine größere Aufgabe erledigen wollen.

Generell sollten Sie nicht mehr als 50 bis 60 Prozent Ihrer Arbeitszeit verplanen, damit noch genug Zeit für unvorhergesehene Aufgaben, Treffen und Anrufe bleibt. Wenn Ihr Kind zum Beispiel früher als geplant aus dem Kindergarten kommt, sollte das nicht Ihren Auftrag oder einen Termin gefährden. Wenn es nicht anders geht, müssen Sie vermutlich auch einmal eine Abend- oder gar eine Nachtschicht einlegen – sorgen Sie aber dafür, dass das die Ausnahme bleibt.

Außerdem gilt: Planen Sie Pausen ein, zumindest, wenn Sie mehrere Stunden am Stück arbeiten, denn das macht Sie letztlich leistungsfähiger. Und seien Sie nicht Tag und Nacht erreichbar – es ist eher ein Zeichen von Unsicherheit als von Souveränität oder extra gutem Service, wenn Sie zum Beispiel Ihr Abendessen unterbrechen, um schnell noch mit einem Kunden zu sprechen. Wichtig ist, dass Sie zeitnah auf Anfragen reagieren und dann voll konzentriert bei der Sache sind.

Machen Sie sich auch immer wieder bewusst, dass Sie möglicherweise gar nicht so schlecht zu erreichen sind. Denn wer als Vollzeit-Selbstständiger seine Zeitplanung nicht im Griff hat und ständig überlastet ist, weil er zu viele Aufträge an – und Kundentermine wahrnimmt, steht möglicherweise noch seltener zur Verfügung als Sie. Kurzum: Für Sie selbst und für Ihre Kunden sollte es selbstverständlich sein, dass Sie nur an bestimmten Tagen und zu bestimmten Öffnungszeiten verfügbar sind. Kommunizieren Sie das, ohne sich dafür zu rechtfertigen.

Tipp

LEGEN SIE EINEN TERMINORDNER AN

Richten Sie für Reisen, Kundenbesuche und andere Terminsachen einen besonderen Ordner ein, am besten mit Registerblättern von Januar bis Dezember als Unterteilung. Heften Sie dort alles ein, was Sie für Ihre zukünftigen Termine benötigen, zum Beispiel Anfahrtsbeschreibungen, Agenden, Fragelisten oder Hotelbuchungen. Dann genügt am jeweiligen Tag ein Griff in den Ordner und Sie haben alles, was Sie brauchen. „Dieser Ordner hat mir schon häufig Panikattacken erspart, wenn ich wieder mal ganz in eine andere Sache versunken war und ‚plötzlich' zu einem Termin losrasen musste", berichtet Andreas Lutz.

To-dos im Blick

Sammeln Sie alle Ihre Aufgaben, die nicht an einen Termin gebunden sind und somit nicht in Ihrem Kalender stehen, auf einer To-do-Liste. Viel Zeit und Energie können Sie sparen, wenn Sie dabei gleichartige Tätigkeiten zusammenfassen und direkt nacheinander erledigen.

- Anrufe: Es ist sinnvoll, mehrere Anrufe am Stück zu erledigen. Wenn bei einem Gesprächspartner besetzt ist, rufen Sie den nächsten an, um es anschließend beim ersten noch einmal zu probieren. Außerdem können Sie mit einem „einfachen" Gesprächspartner beginnen und sich für ein schwierigeres Telefonat warmreden. Notieren Sie auf Ihrer To-do-Liste auch die Telefonnummern, so müssen Sie nicht noch einmal nachschauen.
- Besorgungen: Sie wollen einkaufen gehen? Dann überprüfen Sie, was Sie sonst noch außerhalb Ihres Arbeitsbereichs zu erledigen haben, zum Beispiel den Besuch beim Postamt oder bei einem Kunden, und kombinieren

Sie diese To-dos dann. Notieren Sie sich, was Sie alles mitnehmen müssen, und schreiben Sie sich auch auf, wie Sie an einen Zielort kommen, falls Sie zum ersten Mal dorthin gehen oder fahren.

- Besprechen: Sammeln Sie Fragen und Details, die Sie mit einem Kunden oder einer anderen Person bald besprechen wollen. So brauchen Sie nicht mehrmals anzurufen, sondern können bei einem Treffen oder in einem Telefonat all diese Dinge klären. Vorausgesetzt natürlich, eine Angelegenheit ist nicht dringend.
- Internetrecherchen: Läuft der Rechner sowieso, neigt man dazu, immer mal wieder einige Zeit im Internet zu verbringen. Sammeln Sie lieber alle Aufgaben, die Sie online erledigen müssen, und arbeiten Sie sie dann am Stück ab.
- Lesestoff: Im Büro fehlt oft die Ruhe, längere Texte zu lesen. Stellen Sie sich daher eine Mappe mit Lesestoff zusammen und geben Sie diese in Ihre Aktentasche. Wenn Sie unterwegs sind und etwas Zeit haben, zum Beispiel während Sie in der U-Bahn oder im Zug sitzen, können Sie das Material durcharbeiten.

Wie Sie sehen, ist die Vorgehensweise immer dieselbe: Sammeln Sie Aufgaben, die Sie unter bestimmten Voraussetzungen hintereinander weg erledigen können. Sie arbeiten effizient, weil Sie nicht ständig den Arbeitskontext wechseln müssen. Außerdem ist es sinnvoll, die wichtigsten und schwierigsten Aufgaben gleich zu Beginn der Arbeitszeit zu erledigen. Ein früher Erfolg gibt Ihnen Schwung und Motivation. Routineaufgaben erledigen Sie hingegen besser, wenn Sie einen Durchhänger haben. Und versuchen Sie, Ihr E-Mail-Programm erst ein, zwei Stunden nach Arbeitsstart zu öffnen, und beantworten Sie E-Mails nicht immer unmittelbar. So vermeiden Sie es, zunächst nur kleine, meist unwichtige To-dos zu erledigen – statt sich einer großen, vielleicht auch unangenehmen Aufgabe zu widmen. Wer den Tag mit wertschöpfender Arbeit beginnt, ist insgesamt produktiver.

Machen Sie sich auch klar, dass Sie nicht alles selbst erledigen müssen, geben Sie auch mal eine Aufgabe weiter. Dadurch sparen Sie sehr viel Zeit. Vielleicht fällt einer anderen Person eine bestimmte Arbeit sogar deutlich leichter als Ihnen, da sie andere Erfahrungen mitbringt. Engagieren Sie nicht nur beruflich gelegentlich einen Fachmann, sondern geben Sie auch privat Verpflichtungen ab. Vielleicht kann Ihr Partner künftig die Kinder jeden Morgen zur Schule bringen. Und Sie könnten eine Haushaltshilfe engagieren. Zu teuer? Denken Sie daran, dass Sie in der gewonnenen Zeit in Ihrem Kerngeschäft bestimmt einen besseren Umsatz generieren können.

Im Gespräch

ELKE RELOVSKY, JAHRGANG 1968,
hat viele Jahre fest angestellt als Produktmanagerin für Kontaktlinsen gearbeitet. Mit zwei Kindern und nach einem Umzug von Frankfurt nach München war es schwierig, einen anspruchsvollen und spannenden Beruf zu finden, den sie mit ihrem Familienleben kombinieren konnte. Die Lösung für sie war der Weg in die Selbstständigkeit, sie ist als Marketing-Beraterin tätig. „Ich bin froh, dass ich den Mut dazu hatte – das war das Beste, was ich machen konnte, es erfüllt mich sehr“, sagt Elke Relovsky rund ein Jahr nach der Gründung.

Frau Relovsky, Sie haben eine Familie mit zwei Kindern (Jahrgang 2004 und 2006). Wie schaffen Sie sich in Ihrem Homeoffice den nötigen Freiraum für Ihre Arbeit?
Ich nehme die Betreuungsangebote von Kindergarten und Hort für die Kinder in vollem Umfang wahr – und kann so täglich mindestens von 9.00 bis 15.00 Uhr vollkommen ungestört arbeiten. Oft habe ich mehr zu tun, dann helfen mir Bekannte aus und kümmern sich zwei weitere Stunden um die Kinder. Und wenn die Kleinen schlafen, kann ich noch aufarbeiten, was liegen geblieben ist. Ich engagiere auch einen Babysitter, wenn ich etwa am frühen Abend Termine habe und mein Mann nicht rechtzeitig nach Hause kommen kann.

Das klingt straff organisiert …
Ja, um Arbeit und Familie gleichermaßen gerecht zu werden, muss es für beides feste Zeiten geben. Damit ein gutes Familienleben stattfindet, ist für mich beispielsweise klar, dass das Wochenende heilig ist und auch der frühe Abend, bis die Kinder im Bett sind. Ich verbringe lieber weniger Zeit mit den Kindern – und die

dafür mit voller Aufmerksamkeit – als viel Zeit, in der ich aber in Gedanken woanders bin. Es sind qualitative und intensive Stunden, die wir zusammen haben.

Schaffen Sie es selbst immer, sich an die festen Arbeits- und Familienzeiten zu halten?
Das ist oft ein Spagat, wird aber zur Routine. Schwierigkeiten treten dann auf, wenn etwas Unvorhergesehenes passiert, wenn etwa ein Kind krank ist. Dann kann es passieren, dass ich abends umso länger arbeiten muss. Ich versuche daher, eine Tagesmutter zu finden, die kurzfristig einspringen kann und sich auch um ein krankes Kind kümmern würde.
Andererseits laufe ich auch nicht jedem Euro Umsatz hinterher. Wichtig ist mir bei meinen Aufträgen, dass ich sie in der Zeit, die mir zur Verfügung steht, bestmöglich erledigen kann. Und ich bekomme ein Gefühl für Grenzen: Was nicht geht, beruflich oder privat, das geht nicht, dazu muss ich dann stehen. Das alles würde dennoch nicht funktionieren, wenn ich nicht die volle Unterstützung meines Mannes hätte. Er kommt am Abend auch mal früher nach Hause, um die Kinder ins Bett zu bringen, oder begleitet sie morgens in Kindergarten und Schule.

Was passiert, wenn Ihre Kinder zuhause sind, das Telefon klingelt und Sie wissen: Da ist jetzt ein wichtiger Kunde dran?
Dann erkläre ich den Kindern, dass ich noch einmal kurz ins Heimbüro muss. Das sind aber Einzelfälle: Wenn es geht, versuche ich, keine Telefonate zu führen, während sie zuhause sind. Ich bin nicht entspannt, wenn sich Berufliches und Privates vermischt.

Haben Ihre Kunden Verständnis für Ihre Familiensituation?
Zunächst halte ich meine Familiensituation außen vor. Es hat ja nichts mit meiner Dienstleistung zu tun, dass ich Familie habe. Wenn man aber länger zusammenarbeitet, ergibt es sich irgendwann, dass ich erkläre, warum ich nicht immer erreichbar bin. Bislang bin ich damit auf Verständnis gestoßen. Ich käme auch nicht zusammen mit Kunden, die das nicht hätten.

Auch als One-Man-Show immer dranbleiben

Die beste Zeitplanung hilft nichts, wenn Sie sich nicht aufraffen können, die anstehenden Aufgaben anzugehen. Als Selbstständiger sind Sie selbst für Ihre Motivation zuständig, Sie müssen dranbleiben, auch wenn das Geschäft mal nicht so läuft wie erhofft. Wie aber schaffen Sie es, dass Sie erst gar nicht gegen den inneren Schweinehund kämpfen müssen?

Eine Aufgabe erfolgreich abzuschließen, ist oft die beste Antriebskraft für Neues. Erfolgsgefühle entwickeln sich jedoch nur, wenn Aufgaben nicht zu leicht und nicht zu schwer sind. Gestalten Sie Ihre Tätigkeit daher so, dass sie immer mit einer kleinen Herausforderung einhergeht. Bei Routineaufgaben, die Sie eher unterfordern, erreichen Sie das, indem Sie beispielsweise versuchen, sie mit einer knappen Zeitvorgabe zu erledigen. Bei besonders schwierigen Aufgaben gehen Sie umgekehrt vor, versuchen Sie, sie zu vereinfachen. Statt immer wieder allein durchzustarten und vielleicht frustriert aufzugeben, besprechen Sie schwierige Aufgaben auch einmal mit Kollegen oder Freunden oder holen Sie sich Rat von Experten.

Gelingt es Ihnen, eine Herausforderung nach der anderen zu meistern, geraten Sie im besten Fall in einen Zustand, der in der Psychologie „Flow“ genannt wird. Sie gehen dann ganz in Ihrer Tätigkeit auf und verfallen geradezu in einen Schaffensrausch, Sie sind hoch motiviert und effizient. Durch die Auswahl Ihrer Aufgaben können Sie bewusst dazu beitragen, in diesen Flow zu kommen. Beginnen Sie außerdem jeden Tag mit einer kleinen Aufgabe, die Spaß macht, und beenden Sie den Tag auch positiv. So haben Sie weiterhin Freude an der Arbeit.

Zwingen Sie sich jedoch nicht dazu, eine Aufgabe um jeden Preis am selben Tag abschließen zu müssen. Sonst kann es passieren, dass Sie am nächsten Tag vor einer völlig neuen Herausforderung stehen, aber zu erschöpft sind, um sich aufzuraffen. Wenn Sie dagegen nicht ganz fertig werden, freuen Sie sich schon darauf, die Aufgabe am nächsten Tag zu Ende zu bringen. Und dann können Sie – beschwingt durch das Erfolgsgefühl – gleich das nächste To-do in Angriff nehmen.

So überwinden Sie Durchhänger

Wenn Sie Sorgen und Selbstzweifel quälen, womöglich bis tief in die Nacht hinein, kann das zu Schlafstörungen und Müdigkeit sowie zu einem Gefühl der inneren Lähmung und Erschöpfung führen. Häufigstes Symptom: Sie finden es sehr schwer, sich morgens zur Arbeit aufzuraffen und neue, größere Aufgaben in Angriff zu nehmen. Vielleicht trauen Sie sich auch nicht, potenzielle Kunden anzurufen, weil Sie sich nicht stark genug fühlen. Sie lassen sich leicht ablenken und schieben Aufgaben vor sich her, Ihre To-do-Liste wird immer länger.

Das beste Rezept in einem solchen Fall: Überwinden Sie die Lähmung, indem Sie mit einer ganz einfachen Aufgabe anfangen. Ein erster Schritt kann alles ändern: Sobald Sie wieder ein Erfolgsgefühl verspüren, kommen Sie in Schwung, trauen sich an eine weitere, vielleicht etwas anspruchsvollere Arbeit heran und gewinnen das Vertrauen in Ihre Fähigkeiten zurück. Nehmen Sie sich aber nicht zu viel vor, sondern steigern Sie Ihr Arbeitspensum nach und nach.

Gehen Sie in kritischen Situationen nicht zu streng mit sich um und verlangen Sie nicht zu viel von sich selbst. Und: Belohnen Sie sich gerade am Anfang auch für kleine Erfolge. Auf diese Weise können Sie leichte Durchhänger schnell überwinden und wieder in einen positiven Flow gelangen, in dem es sich ganz entspannt arbeiten lässt. Viel Erfolg dabei!

Kapitel 10

Der Wechsel in die Vollselbstständigkeit

Wenn Sie sich nebenberuflich selbstständig machen und das Geschäft gut anläuft, brennen Sie vielleicht schon bald darauf, viel mehr Zeit in Ihr Unternehmen zu stecken. Vielleicht merken Sie, dass die Nachfrage nach Ihren Diensten nicht zu bremsen ist. Oder Ihre Lebensumstände ändern sich, sodass Sie mehr arbeiten können und wollen. Oder das Arbeitslosengeld hat sich bis auf den nötigen Restanspruch reduziert und Sie wollen – am besten mithilfe des Gründungszuschusses – wieder mit voller Kraft ins Berufsleben zurückkehren. Was Sie bedenken müssen, damit Ihnen das expandierende Unternehmen nicht über den Kopf wächst, lesen Sie im Folgenden.

Entwickeln Sie Ihre Geschäftsidee weiter

Bevor Sie Vollzeit für Ihr Unternehmen arbeiten, sollten Sie sich überlegen, wie Sie wachsen wollen. Wollen Sie aus dem Brotzeitservice ein Café mit Öffnungszeiten von früh bis spät machen? Wollen Sie dieselben Aufgaben wie bisher erledigen, nur für einen größeren Kundenstamm? Wollen Sie fortan auch Großaufträge abwickeln, für die bisher die Zeit fehlte? Inwiefern ist Ihr bislang bewährtes Geschäftsmodell ausbaufähig? All das müssen Sie bis ins Detail durchdenken. Sind Sie überzeugt davon, dass Ihre Kunden nicht nur mittags Ihre Brötchen kaufen wollen, sondern dass sie sich auch nachmittags in ein Café setzen würden, um Kaffee zu trinken und Kuchen zu essen? Sicher hilft es Ihnen bei der Entscheidung, wenn Sie auch Ihren Businessplan anpassen und erweitern. Formulieren Sie, wo Sie in Zukunft stehen und welche Ziele Sie künftig erreichen wollen.

Bedenken Sie auch: Je größer Ihr Unternehmen wird, desto weniger können Sie die damit verbundene Bürokratie nebenher erledigen. Der Selbstständige, der gelegentlich einen Artikel für die Lokalzeitung schreibt, muss für sein kleines Redaktionsunternehmen in der Regel nur über buchhalterische Grundkenntnisse verfügen. Seine Steuererklärung kann er vermutlich ohne fremde Hilfe erledigen. Wenn er hingegen regelmäßig Werbebroschüren für Firmen in Zusammenarbeit mit Grafikern und Fotografen erstellt, muss er immer mehr Regeln beachten und vielleicht sogar die Rechtsform seiner Firma ändern. Alles wird komplexer, vermutlich ist es in diesem Fall sinnvoller, mit einem Steuerberater zusammenzuarbeiten.

Auch der Auszug aus dem Homeoffice dürfte besiegelt sein, wenn Ihr Unternehmen wächst. Spätestens, wenn Sie den ganzen Tag arbeiten, mehr technische Infrastruktur benötigen, mehr und mehr Aufträge abwickeln und Kundenbesuche erhalten, dürften Sie sich nach einem eigenen Büro umsehen. Neue Fragen tun sich auch auf, wenn Sie einen Mitarbeiter brauchen, auch wenn es zunächst nur ein freier ist. Was müssen Sie über das Arbeitsrecht wissen? Wie finden Sie überhaupt einen guten Mitarbeiter, worauf müssen Sie bei der Auswahl achten? Gerade wenn Ihr Betrieb klein ist, können Sie es sich vermutlich nicht leisten, eine Fehlbesetzung zu engagieren.

Bei allem Firmenwachstum sollten Sie auch Ihre eigene Entwicklung und Fortbildung nicht vernachlässigen. Wer bisher nur sein eigener Chef war, sollte sich im Klaren sein, dass es eine ganz andere Herausforderung ist, Mitarbeiter zu führen. Überdenken Sie Ihre eigene Unternehmerpersönlichkeit und arbeiten Sie an sich selbst. Auch gegenüber Ihrer Familie müssen Sie sich neu positionieren. Vielleicht sind Partner/in und Kinder daran gewöhnt, dass Sie als Teilzeit-Selbstständiger viel Hausarbeit erledigt haben, die jetzt neu verteilt werden muss.

Vielleicht wird Ihr Leben durch eine Vollzeit-Selbstständigkeit strukturierter und dadurch in vielen Belangen leichter. Dass Sie sich jetzt beruflich nur noch Ihrem Unternehmen widmen, kann auch bedeuten, dass Sie nicht mehr auf zwei Hochzeiten tanzen müssen. Möglicherweise war es sogar immer Ihr Plan, Schritt für Schritt von der Teilzeit-Selbstständigkeit aus in Richtung Vollzeit zu wachsen – endlich können Sie ihn realisieren

Gründen mit Netz: Masterplan für die risikoreduzierte Gründung

Wer sich im ersten Schritt nebenberuflich selbstständig macht, um dann später in die Vollselbstständigkeit zu wechseln, handelt risikobewusst. Denn er verzichtet auf schnelles Wachstum zugunsten größerer Sicherheit, vermutlich weil er Verantwortung für andere Menschen hat, auf keine großen finanziellen Reserven zurückgreifen kann oder einfach nur besonders sicherheitsorientiert ist.

Der Vorteil der mehrstufigen Gründung ist offensichtlich: Sie erproben Ihr Konzept im Kleinen, ohne viel Zeit und Geld zu riskieren. Erst wenn sich Ihre Geschäftsidee bewährt hat, wechseln Sie auf die nächste Stufe, zum Beispiel indem Sie Ihre Anstellung kündigen und sich hauptberuflich selbstständig machen.

Auch der Staat hat ein Interesse daran, dass Ihre Gründung zum Erfolg wird und Sie nicht von Transferleistungen abhängig sind, sondern Steuern bezahlen und vielleicht sogar Arbeitsplätze schaffen. Deshalb fördert er den Schritt in die hauptberufliche Selbstständigkeit (sofern Sie Anspruch auf Arbeitslosengeld I haben) mit Gründungszuschuss und bietet (fast) durchgängig geförderte Beratung (siehe Kapitel 5).

Gut zu wissen

NICHT NUR ANGESTELLTE HABEN ANSPRUCH AUF ARBEITSLOSENGELD

Wenn Sie sich für das Erziehen von Kindern in den ersten drei Lebensjahren entschieden haben, kann diese Zeit als Beitragszeit zur Arbeitslosenversicherung zählen und einen Anspruch auf Arbeitslosengeld I und damit Gründungszuschuss begründen. Damit will der Gesetzgeber die Integration von Frauen in die Arbeitswelt nach einer Familienpause begünstigen. Davon profitieren teilzeitselbstständige Frauen mit kleinen Kindern, die beim Schritt in die hauptberufliche Selbstständigkeit den Gründungszuschuss nutzen wollen.

Die Tabelle rechts zeigt beispielhaft den möglichen Weg von der nebenberuflichen zur hauptberuflichen Selbstständigkeit und fasst vieles von dem, was Sie im Buch erfahren haben, zu einem „Masterplan" für die Entwicklung Ihres Geschäfts zusammen. Je nachdem, wie erfolgreich Ihre Gründung verläuft, können sich einige der fünf Phasen verlängern oder verkürzen.

Sie erfahren, welche Hilfen Sie zur Deckung Ihrer Lebenshaltungs- und Sozialversicherungskosten in den einzelnen Phasen beantragen können und welche Grenzen für die selbstständige Betätigung dabei zu beachten sind. Außerdem machen wir transparent, welche Beratungsförderungsprogramme in den einzelnen Phasen zur Verfügung stehen.

Nachdem die Gründungsförderung in den letzten Jahren immer wieder beschnitten wurde, ist es umso wichtiger, sorgfältig zu planen und die vorhandenen Hilfen gezielt in Anspruch zu nehmen.

Stufe	Beginnt mit	Dauer	Deckung der Lebenshaltungskosten	Deckung der Sozialversicherungskosten	Beratungsförderung
1	Nebenberufliche Gründung	Idealerweise ein Jahr oder länger	Nebenberufliche Selbstständigkeit (< 20 Stunden) trägt bis < 50 Prozent zum Lebensunterhalt bei	Sozialversicherung über nichtselbstständige Tätigkeit, keine Beiträge auf selbstständige Tätigkeit	Businessplan-Gruppencoaching, ein Jahr nach nebenberuflicher Gründung auch BAFA-Förderung
2	Beginn Arbeitslosigkeit	Bis zu 7 Monaten*	Nebenberufliche Selbstständigkeit (< 15 Stunden/Woche) neben Alg1-Bezug, ggf. mit erweitertem Zuverdienst**	Sozialversicherung über Arbeitsagentur	Vorgründungscoaching (ab ein Jahr vor hauptberuflicher Gründung)
3	Hauptberufliche Gründung	6 Monate	GZ-Basisförderung (Alg1 + 300 Euro/Monat) mit deutlich höherem Zuverdienst	Während GZ-Bezug ermäßigter Mindestbeitrag zur Kranken- und Pflegeversicherung, Pauschale in Höhe von 300 Euro/Monat deckt Kosten mindestens teilweise	Gründercoaching Deutschland (GCD, bis fünf Jahre nach der Gründung mit Gründungszuschuss beziehungsweise bei Umwandlung in hauptberufliche Selbstständigkeit), BAFA-Förderung
4	Verlängerung GZ	9 Monate	GZ-Aufbauförderung: beträgt nur noch 300 Euro/Monat, Gewinn sollte Lebensunterhalt decken		
5	Auslaufen der Förderung	Zeitlich unbegrenzt	Gewinn sollte ausreichen, um Lebensunterhalt und Sozialversicherungskosten zu decken	Mindestbeitrag zur Kranken- und Pflegeversicherung in voller für Selbstständige geltenden Höhe	

Abkürzungen: GZ = Gründungszuschuss, Alg1 = Arbeitslosengeld I, GCD = Gründercoaching Deutschland, BAFA = Bundesamt für Wirtschaft und Ausfuhrkontrolle

*) Bei typischerweise zwölf Monaten Anspruch auf Arbeitslosengeld I (kann auch länger oder kürzer sein, siehe Seite 78 f.)

**) Bei vorangegangener mindestens zwölfmonatiger nebenberuflicher Selbstständigkeit erhöht sich die sonst gültige Zuverdienstgrenze von 165 Euro pro Monat auf das Niveau des Nebenverdienstes in den zwölf Monaten vor Beginn der Arbeitslosigkeit

Mehr als ein Buch: Hier geht es weiter!

Viele Tausend Gründer in Voll- und Teilzeit haben mithilfe unserer Webseite und der dort angebotenen Seminare, Beratungsleistungen und unseres Businessplantools erfolgreich Förderung beantragt und gegründet. Sie alle standen vor denselben Fragen und Herausforderungen wie Sie jetzt. Basierend auf ihren Anregungen, Fragen und Antworten haben wir dieses Buch sowie weitere Angebote entwickelt, um Sie bei Ihrer Gründung und in den Jahren danach zu unterstützen:

- Empfehlungsservice zur geförderten Beratung: Hinterlassen Sie auf unserer Webseite Ihre Kontaktdaten. Wir rufen Sie zurück und informieren Sie kostenlos, welche Fördermöglichkeiten es in Ihrer jeweiligen, ganz speziellen Situation gibt – unter Berücksichtigung des zeitlichen Umfangs Ihrer Selbstständigkeit, Ihrer Branche und des Bundeslandes, in dem Sie leben. Wir klären mit Ihnen Ihren Beratungsbedarf – sowohl inhaltlich als auch vom zeitlichen Umfang her – und empfehlen von uns sorgfältig ausgewählte Berater in Ihrer Nähe.
- XING-Gruppe: Mit mehr als 90.000 Mitgliedern ist die von uns moderierte Gruppe „Gründer und Selbstständige" auf dem Networkingportal XING.com das größte Diskussionsforum zu Themen der Gründung und Selbstständigkeit. Sie können sich mit anderen Mitgliedern austauschen und vernetzen. Die Teilnahme ist kostenlos.
- Newsletter: Unser regelmäßiger Newsletter ist Pflichtlektüre für Gründer und Selbstständige sowie für alle, die mit ihnen zu tun haben. Wenn Sie ihn regelmäßig anschauen, verpassen Sie keine wichtigen Gesetzesänderungen und Deadlines und erhalten jede Menge Tipps, wie Sie noch produktiver und erfolgreicher arbeiten können.
- Gründungszuschuss: Kaum jemand kennt die wichtigste Gründerförderung in Deutschland so gut wie wir. Bundesweit begleiten wir Sie mit unserem Beratungsnetzwerk bei der Antragstellung und allen Fragen rund um die Gründung. Im weiteren Verlauf beraten wir Sie gerne im Rahmen einer Geförderten Beratung und bieten auch hierbei besondere Vorteile.

→ Telefonische Kurzberatung: Nutzen Sie unser Experten-Telefon. Sie hinterlassen Ihre Kontaktdaten, beschreiben kurz Ihre Frage und mailen dem Experten gegebenenfalls weitere Informationen zu. Je nach Ihrer Wahl ruft Sie ein Gründungs-, Steuerberater oder spezialisierter Rechtsanwalt zurück. Daneben stehen Experten zu Themen wie Scheinselbstständigkeit, freiberufliche oder gewerbliche Tätigkeit, Künstlersozialkasse, Kranken- und Rentenversicherungsrecht bereit, die auch auf spezielle Fragen zum jeweiligen Einzelfall eine Antwort finden.

Weitere Informationen zu all diesen Aktivitäten und Serviceangeboten finden Sie unter www.jeder-ist-unternehmer.de.

Stichwortverzeichnis